分類と分類学

種は進化する

分類と分類学

種は進化する

相見 滿 著

東海大学出版部

装丁　中野達彦

Classification and Taxonomy: Evolving Species

Mitsuru AIMI, 2019
Published in 2019 by Tokai University Press
Printed in Japan
ISBN978-4-486-02161-2

まえがき

　現在，地球上に生息する生物の種数はどのくらいだろうか？　私たち人類を含む真核生物だけでも，その数は500万にものぼるといわれている（May, 2011）．このように膨大な数の生物を人類はどのように分類してきたのだろうか？　これほど膨大なものを対象にして分類するとなると，しっかりとした基礎を築き上げる必要がある．そうでなければ混乱するだけである．そこでまず人類はこれまでどのように生物を分類してきたのかをたどることにする．

　生物を分類することは人類の誕生以来，行われてきたと思われる．自然界に認められる不連続性に基づく分類である．農業が行われる前，人類は狩猟採集民であった．生物は生活の糧であり，時には危険でもあった．身の回りにいる生物についてお互いによく知っていたと思われる．言葉を発明すると各々の生物に名前を付け，生物に関する知識を次第に増やしていった．

　初期人類がどのような分類を行っていたのだろうか？　それを推測するには現在でも各地で生活している無文字社会の人たちが生物をどのように分類しているのかを調べるという方法が用いられる．民俗分類学である．生物をどのように分類し名前を付けているのかを研究する．

　その後，人類は植物を栽培し家畜を飼うようになる．動植物に関する知識が飛躍的に増える．狩猟採集や小規模の農業を行っている間は，人々は対象となる動植物をよく知っていた．次第に農業が拡大し，分業も進む．商業も盛んになり，人の往来も頻繁になってくる．同じ動植物でも地域により名前が異なることもわかってくる．オトナとコドモで，オスとメスで名前が異なる場合もある．分類の基本的単位が何なのかも問題となってくる．チェザルピーノ（Andrea Cesalpino, 1519～1603）はいう，「親子は同種である」と（Cesalpino, 1583）．血縁を基にした種の概念である．分類学の誕生である．分類の基本的な単位が種であること，種について，その定義が議論され，記載され，同定され，命名される．

大航海時代に入ると活動圏がさらに広がり，今まで見たこともないようなものがヨーロッパで知られるようになる．種類数が多くなればなるほど分類に混乱が生じる．そこに現れたのが，分類学の父と呼ばれるリンネ（Carl Linnaeus, 1707〜88）である．リンネはラテン語による種の2名式命名法を確立し，同定のための検索表を作り，証拠となる標本を作り，記載を行い，階層的な分類体系を導入し，分類学の基礎を築いた．『自然の体系』を出版し，自然は動物界と植物界そして鉱物界からなると考えた（Linnaeus, 1735）．彼は自然体系と名付けたが，彼が行った分類は自然分類ではなくて，あくまでも人為分類であることを自覚していた．また，神が種を創造し，種は不変であると明確に述べている．彼は生涯，自然分類を目指し続けたという（Larson, 1967）．

　19世紀頃のヨーロッパでは，神が種を1つひとつ個別に創造したというキリスト教の教え，特殊創造説が一般に広がっていた．神は完全で過ちを犯すことはなく，神が作った種は完全なもので，不変だという．

　種が不変であるという考えに異議を申し出たのがダーウィン（Charles Robert Darwin, 1809〜82）である．種は変化するというのである．当時，すでに一部の人たちは種が変化すると主張していた．しかし，根拠となる仕組みに難点があり，一般には受け入れられてこなかった．ダーウィンがその仕組みを解明した．自然選択により種が変化するというのである．個体変異が存在する．生物は生存できる以上の数の子孫を生む．生存競争が起こる．そこで自然選択が働き，種が次第に変わるというのである．進化の自然選択説である．「進化とは変化を伴う由来である」と主張した（Darwin, 1859）．

　ダーウィンは『種の起原』の中で種について次のように述べている．
「すべての博物学者が満足するような種の定義はこれまで1つもなかったが，それぞれの博物学者は種といえば何を意味するのかをぼんやりとではあるがわかっているものだ」，「あるものを種にするのかそれとも変種にするのかを決める際には，信頼できる見識と広い経験を積んだ博物学者の意見にしたがうのが唯一の指針である」
という．ダーウィンは種が実在することに異存はなかった．

ダーウィンの進化説で問題なのは，当時は当たり前だとされていた遺伝に関する「混合説」をそのまま受け入れたことである（Fisher, 1930）．その後，遺伝の仕組みは「粒子説」が出され解明が進んだ（Mendel, 1866；Watson & Crick, 1953）．紆余曲折があったが，今では種が進化することは受け入れられるようになった．

　分類も種が進化するという基礎の上に築かれるようになった．類縁関係に基づいて行うことになる．生物は進化して現在のようになった．そうだとすると，元をたどっていくとただ1種の生物にたどり着くことになる．その後，分岐進化，向上進化，安定進化，絶滅を繰り返し500万もの種に多様化した（Huxley, 1957；Simpson, 1961；May, 2011）．分類学に携わる人たちはこの多様な種に向き合い，採集し，観察し，記載し，分類し，命名し，標本などの資料を保存してきた．

　1960年代に入ると，分岐分類学が出現する（Hennig, 1966）．分岐分類学は，進化の過程では分岐進化だけが客観的なものであるという．分類群は共通祖先とそのすべての子孫を含まなければならないという．当然，従来の分類と対立する．その対立は，現在でも続いている．

　生物を分類することは生物をより深く知ることにある．分類することにより情報を集め，整理し，保存し，活用することになる．そのためには分類が安定していなくてはならない．どのようにしたらよいかを探る．

　すべての生物は何らかの類縁関係がある．バクテリアからヒトに至るまで．すべての現在生きている個体は，生命の誕生以来，同じ年数を重ねてきたことになる．ダーウィンが述べているように，確かにこの生命観には壮大なものがある（Darwin, 1859）．

目次

まえがき　v

第1章　分類のはじまり……………………………………………1
　　民俗分類　3
　　分類の原則　3
　　まとめ　5

第2章　分類学の母……………………………………………7
　　分類学の母—チェザルピーノ　9
　　まとめ　11

第3章　分類学の体系化　分類学の父—リンネ：
　　　　種は個別に創造された……………………………………13
　　『自然の体系』　15
　　リンネの種の概念　17
　　リンネの化石に関する記述　22
　　リンネの分類学に対する功績　23
　　まとめ　23

第4章　種は進化する—ダーウィン……………………………27
　　ダーウィンの種　29
　　自然選択　29
　　進化の不可避性　32
　　まとめ　33

第5章　ダーウィン批判　ハクスリーとグレイによる批判：
　　　　自然選択では種間雑種の不稔性を説明できない……………37
　　ダーウィン批判　39
　　トムソン（Thomson, 1862）による批判　41
　　ジェンキンによる批判（Jenkin, 1867）　41
　　時の経過　44
　　フィッシャーの見解　47
　　まとめ　48

第6章 ダーウィンの回答：批判のすべては将来の課題で，
　　　自然選択説にとり致命的ではない……………………………51
　　ハクスリーとグレイの批判：種間雑種の不稔性の起原　53
　　トムソン（1862）の批判について　56
　　ジェンキンの批判について（Jenkin, 1867）　57
　　まとめ　58
　　　ハクスリーとグレイの批判：種間雑種の不稔性の起原　58
　　　トムソンの批判：地球の年代　59
　　　ジェンキンの批判　59

第7章 ダーウィンの難問：眼のような複雑で精巧な器官の出現を
　　　自然選択で説明できるのか………………………………………61
　　眼の問題　63
　　ジャコブの「進化と鋳掛け」：偶然と必然　64
　　進化による新しい器官の出現　65
　　まとめ　66

第8章 生物学的種の概念：生い立ちと変遷……………………………69
　　ポールトンの「種とは何か？」　71
　　　種に関する数々の概念　72
　　　「種とは何か」という議論　73
　　　診断による種の定義　75
　　　種の検定法である診断法が適応できない事例　75
　　　種の判別法としての種間不稔性　76
　　　種間の不稔性は自由交配の停止による偶然の結果　77
　　　異所性の結果としての交配停止　79
　　　機械的不適合の結果としての交配停止　79
　　　優先的な交配の結果による交配停止　79
　　マイヤーによる種の議論　80
　　ゴールドシュミットとエマーソンの指摘　80
　　ティモフェーエフ・レソフスキーの見解　81
　　ドブジャンスキーによる種の定義　82
　　これまでどのような種の定義の基準が用いられてきたのか　82
　　マイヤーによる種の定義　83
　　シムプソンによる種の議論（Simpson, 1961）　84
　　　リンネの階層　84
　　　定義とその定義を満たす証拠の違い：一卵性双生児の例　85

分類学者が実際に行う仕事　85
　　　役に立つ技術としての分類　86
　　　単系統と多系統　89
　　　段階群と分岐群　89
　　　系統樹に表現された垂直的な関係と水平的な関係　89
　　　種をめぐる3つの問題　90
　　　進化的種の定義　90
　　　命名法について　91
　　　実際の系統発生を作り上げている4つのもっとも基本的な進化の
　　　　事象　91
　　まとめ　92

第9章　種概念の乱立：分岐分類学の出現　分岐分類学批判…………95
　　分岐分類学の出現　97
　　分岐分類学批判　97

第10章　分類学の課題：普遍的種概念を求めて……………………… 101
　　普遍的な種概念を求めて　103

第11章　まとめ………………………………………………………… 105
　　自然分類をめざして　107

文献　109
あとがき　115
用語集　117
索引　125

第 1 章

分類のはじまり

民俗分類

　人類がいつ頃から生物の分類を行うようになったかを議論することは意味がないだろう．人類に限らず動物ならすべてのものが分類を行っている．動物はエネルギー源が有機物で，それを自ら作り出すことができない．動物は食料を周りにいる生物に頼らざるを得ない従属栄養生物（他家栄養生物ともいう）だ．そこで，生活の糧を植物や動物に求めなければならない．何が食料になるのかを見分けなければ生活が成り立たない．周りのものを見分けることが必須で，それは取りも直さず分類するということだ．人は言葉の発明とともに身の周りにいる生物にまず名前を付けてきた．そうすることにより，その生物に関する知識を増やすことができる．

　人はどのように生物を分類してきたのだろうか？　地球上には文字を持たない民族がいることが知られている．もっぱら狩猟採集により生活を成り立たせている民族や，狩猟採集に加えごく小規模の農業を行い自給自足の生活を行っている民族がいる．このような人たちが生物をどのように分類しているのかを研究するのが民俗分類学（folk taxonomy）である．

　民俗分類学は，それぞれの民族が生物をどのように分類し，名前を付け，体系化しているのかを研究する．ツェルタル族（南メキシコのマヤ民族），ハヌノ族（フィリピン），カラム族（ニューギニア），グアラニ族（アルゼンチン），ナバホ族（北アメリカ）などについて研究が行われてきた．その結果，民俗分類学には次に示すような一般的な特徴が共通して見られるという（Bulmer & Tyler, 1968；Raven et al., 1971；Berlin, 1973；Berlin et al., 1973）．

分類の原則

　分類を行う際に用いられる原則をまとめると以下のようになる．
　1．すべての民族が生物を包括度の違いにより名前を付けてグループ

分けを行っている．このグループ分けは自然界に見られる不連続性に基づくもので，それは簡単に認識できる．このようにグループ分けされたものを分類群（taxon）と呼ぶ．たとえば，カシ（植物），ツタ（植物），アカゲラ（キツツキの1種）などがこれに相当する．

2．これらの分類群はさらに少数の分類群にまとめられ，階層的な分類が行われる．多いものでは5階級になる．唯一の創始者（unique beginner），生活形（life form），属（generic），種（specific），変種（varietal）である．

3．民俗分類の5つの分類階級は階層的に配置される．それぞれの階級に割り当てられた分類群はお互いに排他的だ．ただし，創始者は例外で，成員は1つである．

4．同じ民俗分類階級の分類群はいずれの民俗分類でも同じ分類学的階級に配置される．唯一の創始者の階級の分類群はレベル0である．生活形の分類群がレベル1で，属の分類群がレベル2で，種の分類群がレベル3で，変種の分類群がレベル4となる．

5．民俗分類では当たり前のことだが，唯一の創始者という分類群には普通名前が付けられていない．もっとも包括的な分類群である「植物」とか「動物」がこれにあたる．これらにはほとんどの場合，名前が付けられていない．

6．生活形の分類群はわずかで，5から10で，下位の分類群で名前が付けられた分類群の大部分を含む．たとえば，ツェルタル族では植物を4つの生活形に分ける．高木類，蔓植物類，草本類と広葉低木類である．生活形の分類群はすべて多型で，下位の分類群を複数含んでいる．生活形の分類群は1つの名詞で呼ばれる．木，ツタ，鳥，哺乳類など．属の分類群は生活形のものより数が多い．

7．典型的な民俗分類では分類群の中で属の数のほうが生活形の分類群より多く，500ほどで，1つの単語で呼ばれる（1名式命名法）(Hunn, 1994)．民俗分類では属の分類群が分類のもっとも基礎的な単位で，子どもが最初に学ぶ分類群である．植物ではカシ，マツ，タケなど，動物ではナマズ，スズキ，コマドリなどがこれに相当

する．
 8．種と変種の分類群の数は一般的に属のものより少ない．普通 1 つの属内に 2，3 である．2 つより多い場合はその生物の文化的価値が高い傾向にあり，20 以上あればそれは間違いなく高い．変種は多くの民俗分類では稀である．種と変種の分類群は 1 つとは限らないが少数の形質に基づいて識別される．たとえば，赤いバラと白いバラのように．種は 2 つの単語の組み合わせ（2 名式命名法）で呼ばれ，亜種は 3 つの単語の組み合わせ（3 名式命名法）で呼ばれる．

カラム族では自然種という認識があるようだ．生物の親と子は似ているという．親はよく似た子を生むことを認識している．自然種は形態的にも生物学的にも共通した属性を備えているという（Bulmer & Tyler, 1968）．

ニューギニア高地民族の 1 つであるフォレ族（Fore）の調査によると，フォレの人たちは周りに生息する鳥類に 110 の「小さな名前 ámana aké」を付けているという．この「小さな名前」が種に相当する．そのうちの 93 のものに鳥類学で受け入れられている動物学的種と 1 対 1 の対応が認められたという（Diamond, 1966）．これは種が客観的な存在であることの傍証と考えられている．

この例に示されるように，生物学で採用されているリンネ式分類と無文字社会の民俗分類との間には類似性があることが民俗学の研究者たちにより次第に明らかになってきた．これは何も驚くべきことではない．リンネ式の分類が単純に西欧でもっとも普及している民俗分類の 1 つだということである．リンネが分類学の原理を発明したわけではない．彼は彼自身の文化の中に潜在するものを用いて，分類と命名法の普遍的な原理として見事に仕上げたのである（Kay, 1971）．

まとめ

世界の各地で文字を持たない民族を対象にした民俗分類の研究が行わ

れてきた．その結果，生物を多いものでは5つの階層に分けて分類している．上位のものから順に，創始者，生活形，属，種，亜種である．もっとも基礎的な単位は属で，1つの単語で呼ばれ（1名式命名法），500ほどある．子どもが最初に学ぶ分類群である．1つの属の中に2つ以上の種が含まれる場合は，それぞれの種は2つの単語の組み合わせで呼ばれる（2名式命名法）．さらに亜種は3つの単語の組み合わせで呼ばれる（3名式命名法）．

各地に住む民族は自然種という認識を持ち，生物の親と子は似ていて，親はよく似た子を生むことを認識している．自然種は形態的にも生物学的にも共通した属性を備えているという．民俗分類で分類された種と生物分類学で分類された種がだいたい一致することが報告されるようになってきた．種が客観的に存在することの反映と考えられる（Kay, 1971）．

第 2 章

分類学の母

分類学の母—チェザルピーノ

　採集した植物を乾燥標本にし，科学的な目的のために用いるようにしたのはルカ・ギニ（Luca Ghini, 1490～1556）にはじまる．そして，チェザルピーノ（Andrea Cesalpino, 1524～1603）などの弟子たちが植物標本館を造った．1559年にラツェンベルガー（Caspar Ratzenberger, 1533～1603）が植物標本館（herbarium）を創設した．これが植物標本館のはじまりとされる（Sachs, 1906）．

　以下ザックス（Julius von Sachs）にしたがい，チェザルピーノの果たした役割を述べる．

　チェザルピーノは単純な経験論者であるドイツの植物学とは対照的に理論家として登場した．ドイツ人たちは個々の植物の記載を大量に行った．チェザルピーノは集められた資料を慎重に検討した．彼が求めたのは個別性から普遍性を導き出すことである．彼の思考様式はまったくアリストテレス学派のもので帰納法だった．チェザルピーノは植物が示す全体的な印象には満足しなかった．個々の部分を詳細に分析し，小さくて目立たない部分に注目した．観察を本当の科学的な研究に変えた先駆者だった．彼は帰納法とアリストテレスの哲学を見事に結び付け，リンネに至る後継者たちの理論的な枠組みを作った．

　チェザルピーノが原理を明解にした点でドイツの植物学者に先んじていたのであるが，彼が目指したのは人為的な分類に進む危険な道でリンネの時代まで続いた．自然体系を先験的な原理の上に築くことはできない．

　チェザルピーノにはじまりリンネに至る記載的植物学の発展の時期は植物学者たちが人為的な分類により自然の類縁性を正当に評価する方法を求めていたと見なすことができるだろう．リンネはこの方法が抱えている矛盾に気付いていたと思われるのだが．自然体系を将来の課題として残し，自ら告白しているように人為的な方法で記載して植物を分類した．リンネが行ったのは近代生物学の扉を開くのではなく，従来の科学の幕を閉じたということができるだろう．

チェザルピーノは『植物の本16巻 De plantis libri XVI』を出版した (Cesalpino, 1583). 3本の柱がこの本を特徴づけている. 第1は, 多くの新しいきめ細かな観察. 第2は, 形態学的研究の対象として花と果実の器官に最大限の注意を払うこと. 第3は, 哲学は厳密にアリストテレスにしたがい, 資料は経験から得られたものに限る. しかし, アリストテレスの哲学は科学的研究にそぐはないので, 著者はしばしば道に迷うことになったという.

チェザルピーノがはじめて種の概念を提出した. 彼は,
「自然の法則にしたがえば似たものが似たものを生む. 親と子は同種で似ている. この似たものの集まりが種」

だとした. ここには種とは繁殖集団であることが示唆されている. このように, チェザルピーノは種を明確に定義している. したがって分類学の母といわれるのは当然である.

チェザルピーノは,
「私たちは植物の本質が存在する型の同一性と異質性を追い求めるのであって, 偶発的な非本質的なものを求めているのではない. 薬として有効だとか何かに役立つというような特徴は非本質的なものである」

という. 彼は分類に用いる形質の正当性を吟味し, 分類は植物の生活にとりもっとも重要な機能を支える器官に基づいて行わなければならないという. 植物でもっとも重要な機能は養分の摂取と生殖の2つで, 個体維持と種族維持を支える器官により行われる. 養分の摂取はすべての植物が例外なしに行うので普遍的だ. 生殖はもっぱら種子により行われると考えていた. 植物の中には種子を作らないものがあるので, これは限定的な機能となる. したがって, 第1の区分を養分の摂取に関わる器官に基づいて行う. 地中の養分が根によって吸収され地上部の苗条で同化され, 同化されたものが体の隅々にくまなく運ばれると考えた. 根と地上部の苗条は対応した分化を示している. 植物のあるグループでは堅固で, 別のグループでは柔軟だ. このようにして, 彼は植物界をまず第1に木本と草本とに2分することの妥当性を説いた. 第2の区分は似たも

のを生むということである．これは花と果実の器官により行われる．このようにチェザルピーノは帰納法ではなく，アリストテレスの哲学・演繹法にそって，植物をまず木本と草本とに分割した．これは，民俗分類でよく行われる生活型による分類だ．次いで花と果実にまつわる器官により自然分類の原理を導くことができると結論した．

しかし，分類を行う際に用いる形質の重要性は，対象となる生物の生活にとって重要かどうかで決まるわけではない．分類にとって重要かどうかである．

まとめ

16世紀に入ると，標本の作製法，標本館を備えるようになってきた．分類は植物のほうが動物に比べ先んじていた．植物が大量に記載されてくるようになった．チェザルピーノが現れ種の概念を出した．

「自然の法則にしたがえば似たものが似たものを生む．親と子は同種で似ている．この似たものの集まりが種」

という．種とは繁殖集団であることを示唆した（Cesalpino, 1583）．分類学でもっとも基本となる単位の種をはじめて定義したのである．分類学のはじまりである．チェザルピーノは分類学の母である．

チェザルピーノは植物をまず生活型により木本と草本に分けた．ついで花と果実に基づいて分類した．

チェザルピーノ（Andrea Cesalpino 1519～1603）

イタリア・トスカーナ地方のアレッツォ（Arezzo, Tuscany）で生まれた．ピサ大学で医学と植物学を教える．ハーベイ（William Harvey）に先行して血液循環の研究を進めた．植物の分類では1500種にものぼる種を報告している．花と果実の形態に基づいて分類を行った．各部位の数と位置および形の違いを観察している．植物をまず生活形で2つに分けた．木本と草本である．それぞれをさらに果実と花の特徴により分けた．リンネなど後の人たちに大きな影響を与えた（Vines, 1913）．

第3章

分類学の体系化

分類学の父―リンネ：種は個別に創造された

『自然の体系』

　リンネの分類に関する考えは『自然の体系（初版）』（1735）によく表れている．「II．自然の３界に関する観察」の全訳をのせる（Engel-Ledeboer & Engel，1964）．

1. 神の御業を見ると，誰の目にも明らかなことだが，それぞれの生き物は１個の卵から生まれ，卵からは親とよく似た子孫が生まれる．したがって現在，新しい種が産み出されることはない（自然発生と種の進化の否定）．
2. 個体は世代ごとに増殖する．したがって，現在ではそれぞれの種の個体数は最初に出現した時より増えている．
3. 将来に向けて繁殖するのと同じように，それぞれの種の増殖過程を過去に遡ると，最後には単一の祖先に行き着く．この単一の祖先は，雌雄同体の場合（植物では一般的）では１個体からなり，オスとメスがいる場合（大部分の動物の場合）には２個体からなる．
4. 新たな種はいない．似たものが似たものを生む．そして，それぞれの種のはじまりは単一の祖先（１個体または２個体）である．この単一の祖先は全知全能の神の創造と呼ばれる御業によるものであることは必然である．これはすべての生物個体が備えている機構，法則，原理，構造，そして感覚により確認されている．
5. 生まれた直後の個体は，未熟で何もわからないので，すべてのことを周りの環境から学ぶことを余儀なくされている．触覚により物の硬さを知り，液体を味わい，気体の臭いをかぎ，遠くのものが出す音を聞き，そして最後に眼で見て物の形を知る．この最後の感覚が動物に最高の喜びを与える．
6. 宇宙を見渡すと３種類の物体が目に付く．すなわち，遠くにある天体，どこにでもある元素，そして実在する自然物である．
7. 地球上には前述した３種類の物体のうちの２種類が存在することは明らかである．すなわち，物体を構成する元素と，元素からできている自然物である．これらは，神の創造によるか，生殖の法則に

よりもたらされたに違いない．

8．自然物は感覚の分野に属し，私たちの感覚により疑う余地のないものである．創造主が，感覚と知性を兼ね備えた人類をこの地球上にもたらし，そして，そこにはすばらしいだけでなく驚きに満ちた機構により作られた自然物を用意したのはなぜなのか不思議に思う．このすばらしい御業を知るものは創造主を褒めたたえる他はない．

9．人類にとり有用なものはすべてこれらの自然物に由来する．鉱工業，農業，園芸，畜産業，狩猟，漁業など．一言でいえば，建築業，商業，食料品，医薬品などすべて産業の基礎である．自然物により人類は健康状態を保つことができ，病気から守られ，病気から回復するので，自然物を選ぶことが大切となる．したがって，自然科学の必要性は自明である．

10．賢明さの第一歩は物そのものを知ることである．これは対象物の真の実在を把握することにある．対象物は秩序立てて分類され適切な名称が付けられ，識別され知られることになる．したがって，分類と命名が私たちの科学の基礎となる．

11．私たち科学者のうちで，種内の変種や，属内の種，科内の属を分類できないにもかかわらずこの分野の科学者だと称するものは，他人だけでなく自分をも裏切ることになる．自然科学に基礎を置くものたちはこのことを胸に刻むべきである．

12．自然物を観察し，同定し，記載し，命名することが正確にできるならば，その人は自然科学者（博物学者）と呼ばれるにふさわしい．岩石学者であり，植物学者であり，動物学者である．

13．自然科学はそのような科学者により科学的に研究された自然物の分類と命名を対象とする．

14．自然物は3界に分けられる．鉱物界と植物界と動物界である．

15．鉱物は成長する．植物は成長し，生きている．動物は成長し，生き，感覚を持つ．このように，これら3界の間には境界が決められている．

16．この科学の分野（分類学）では，多くの人たちが記載し図を描く

のに生涯を掛け働いてきた．これまでにどれだけのものが観察され，まだどれほどのものが残されているのか，多くの人たちが知りたがっている．
17. 私はこの本で自然の体系の全貌を示し，地図により旅の方角を知るのと同じように，もっと記載と地域など足りないところを満たし，興味津々の読者にこの膨大な自然界の旅の指針を知らせたい．
18. 新たな方法はその大半が私自身による信頼のおける観察に基づいたもので，隅々まで行き渡り適用されている．信頼できるごくわずかな人しか知らない多くのことを私はすでに熟知している．
19. この本が少しでも役に立つのなら，興味を持った読者は有名なオランダの植物学者グロノヴィウス博士と博識であるスコットランド人のローソン氏に感謝しなければならない．この両人により私はこの簡潔な分類表と観察を出版できたのである．
20. この本が高名で関心のある読者に受け入れられるならば，植物に関するさらにすばらしいより詳細な本を近い将来，私に期待していただけるだろう．

カロルス・リネウス（医学博士）
ライデンにて
1735年7月23日

リンネの種の概念

　リンネの種の概念についてはラムズボトム（John Ramsbottom：Ramsbottom, 1938）が詳しく述べているので，まずその概略を示す．

　リンネの種に関する見解が最初に『自然の体系』を出版した1735年から最後の1771年に至るまで生涯にわたり不変であったと仮定する必要はない．

　宗教改革の際，ルターは聖書を文字通り受け入れることにして，従来の神学者たちがとってきた寓話的で神秘的な解釈を否定した．

　種に関するリンネの見解を検討する際に，私たちは彼の時代と彼の宗

教との関わりを考慮しなければならない．彼の父はルター派の牧師である．彼は敬虔なキリスト教徒で，教会の権威を受け入れていた．にもかかわらず，教皇の命令により彼の著作はカトリック教皇領では1758年から1773年の間，禁書にされた．それは，彼の植物の性に関する教えが不道徳であり，動物の分類がモーゼの教えと異なることによる．しかし，リンネは宗教に関しては事を荒立てようとはしなかった．

彼は『自然の体系（初版）』（1735）の中でヒトの特徴を'自分を知るもの（Nosce te ipsum）'と記し，ヒトを類人猿やサル Simia, 原猿やナマケモノ Bradipus とともに四足類のヒト型類 Anthropomorpha に含まれる1つの属 Homo として位置づけている．彼は友人に宛てた手紙の中で，

「あなたは私がヒトをヒト型類の中に位置づけることを認めないでしょうね．しかし，ヒトは自分を知るものです．しかし，もうこの言葉は取り下げたほうがいいのかもしれませんね．名前にはこだわりません．大切なことは属の特徴です．分類の基本で，ヒトと類人猿を分ける特徴です．その特徴をどなたか私に教えてください．私がヒトを類人猿と呼ぼうが，反対に類人猿をヒトと呼ぼうが聖職者はどなたも許して下さらないでしょう．しかし，私は一介の博物学者としてそうする義務があると考えています」

と述べている．

『自然の体系（第10版）』（Linnaeus, 1758）では，従来使われてきた四足類（Quadrupedia）を哺乳類（Mammalia）と新たな名称に変更した．ヒト型類も同様に，霊長目（Order Primates）と名称を変更している．その中にヒト属 Homo, 類人猿属 Simia, ヒヒ属 Papiones, オナガザル属 Cercopithecus, 新世界ザル類の Sapajus, Sagoinus, 原猿類（ヒヨケザルを含む）Lemur, そしてコウモリ属 Vepertilia を設けた．彼の分類体系では，哺乳類をまず，四肢に指と爪がある，四肢に蹄がある，肢がないの3つに分ける．四肢に指と爪があるものをさらに，歯の形質で分ける．上下の顎に前歯を欠く（Bruta），上下の顎に2本の切歯があり犬歯を欠く（Glires），上下の顎に4本の切歯と左右に1本ずつの犬

歯を持つ（Primates），上下の顎に6本，2本，または10本の先の尖った歯と左右の顎に1本ずつの犬歯を持つ（Ferae）の4つに分けている．これでわかるように，これは検索表であり，まったく人為的な分類である．しかし種を同定するには有用な実用書である．

リンネは広い意味で哲学者ではなかった．彼は抽象的な理論を模索することに没頭していたわけではない．彼が目指したものは既知の動植物の分類を体系化することとそれを科学的な術語で記載することだった．世界各地から膨大な博物学的資料が集められ蓄積されるようになった．リンネの偉大な業績は便利な命名法と実用的な分類をこの世にもたらしたことにある．混乱を解消し秩序をもたらしたのである．神が種を作りたまい，リンネがそれを分類する．

リンネの考えは『植物学の基礎 Fundamenta Botanica』で1736年に公表されている．29歳の時である．翌年に『植物学批判 Critica Botanica』で記載に用いる術語を説明するとともに膨らませた．その後，1751年に『植物哲学 Philosophia Botanica』で集大成した．彼はそこでは『植物学の基礎』で用いた種の定義を引用し，

「現生のすべての種が最初に創造されたと」

述べている．『植物の綱 Classes Plantarum』からも引用している．

「種は現在あるすべての種類が神により作り出され，定められた繁殖の法則にしたがい，自分と似たたくさんの個体を産み出すようになった．その結果，現在これだけ多様な生物を見ることができるのである」

同様に，属の定義を『植物学の基礎』から引用して，属とは同じような花の構造を持つ自然種の集まりであるという．『自然の体系』からも引用し，

「すべての属は自然で，最初から今あるように創造されたものであり，したがって，気まぐれや誰かの考えでやすやすと分割したり，まとめたりしてはならない」

という．種の不変性と恒常性についてリンネ以上に明確に肯定している人を探すことは困難である．種はすべてそのはじまりに創造され，それ

以来，不変でまた新たに付け加えられることはないという．その一方で，記載したすべての種を定義する際に，時には難しいことがあったとも彼は記している．

ラムズボトムは，種の不変性に関するリンネの考えは現在の分類学者でも受け入れることができるものだろうという．それは，ある程度の不変性もないとしたら，仕事を続けることができないし，リンネが集めた標本は歴史的な価値だけになってしまう（これは極端すぎる）．

リンネの植物に関する最高の書は『植物の種 Specios Plantarum』で，実用書でもある．『植物の種』の中でリンネは次のように述べている．

> 「ヤナギ属 Salix，バラ属 Rosa，キイチゴ属 Rubus，ヤナギタンポポ属 Hieracium などに属する種については問題がある．ヤナギ属では種を見分けるのが難しい．生息地が湿地帯なのか，砂地なのか，また高地なのか，暑いところなのかにより形態がびっくりするほど変化するので，それに惑わされる．それに加えてこれまでの記載は往々にして不十分で，粗野である」

モウセンゴケ属 Drosera について述べたくだりがある．

> 「ナガバノモウセンゴケ Drosera longifolia はモウセンゴケ D. rotundifolia とともにヨーロッパではどこにでも見られる．果たして両種は十分に分化した種といえるのだろうか？」

と疑問を投げかけている．もし，リンネが種の不変性に確信を持っていたとしたら，2種のモウセンゴケが同一の生息地に生育していることに疑問を抱くはずはない．

驚くのはシャクトリマメ属 Scorpiurus に関する記述である．4種を記載した後で次のように述べている．

> 「以前は1種だったものから4種に分かれたこと，そして，環境の変化だけでは彼らの創造を説明するには不十分であることは疑う余地がない．どのようなものが交雑すると新たな安定した植物が出現するのだろうか？」

似たようなことが花と習性が異なる3種のテンジクアオイ（Geranium cicutarium, G. malacoides, G. gruinum）の場合にも認められると

いう．最初は1種だったものが3種に分化したという．多くの記述が種や変種の雑種起原を示唆している．

リンネは，しばしば類縁があることを意味する affinis という単語を使っている．彼の記述から判断すると，類縁性という意味で使っていることがわかる．もし彼が種の不変性に確信を持っているならば，このような単語を使っただろうか疑問である．

同様に特筆すべきことは変種の取り扱いである．『植物の種』の中では場合によって変種は種と同様に扱われているし，その逆に，種が単なる変種として扱われている場合もある．

『植物の種』の第2版が1762〜63年に出版された．多くの種が同属の他種と類縁関係にあると見なされていることが注目される．さらに，雑種起原の種が報告されている．

リンネは最初から人為的でない，よりよい自然な分類法を見つけ出すことに努めていたという．植物の体系で求められるのは1から10まですべて自然な方法であると述べている．

リンネは概算では世界中に植物が2万種，虫類（細長くて足のない虫：ミミズ，サナダムシ，ヒルなど）が3000種，昆虫（足のある虫）が1万2000種，両生類が200種，魚類が2600種，鳥類が2000種，四足類が200種いると推測している．生物全体で4万種にのぼるだろう．そのうちでわが国（スウェーデン）には3000種足らずのものがいる．これまでに私たちは植物1200種と動物1400種を見つけてきたという（Linnaeus, 1749）．

彼は断言している．世界中のすべての植物を知るまでは形質により植物を定義する明確な原理を見つけることはできないという．それは，すべてを知るまで神がどのような意図を持って種を創造したのかを理解できないと思っていたのだろう．さらに，

　「自然体系は植物の本性を教えるが，人為体系は植物を見分けるだけである」

という．このように，リンネは自然体系と人為体系を明確に区別していた．そして彼が行っているのは人為体系だという．そして，これまで

長い間それを見つけ出そうと努力してきたが，まだ達成できないでいる．生きている限りこれからも続けるつもりでいるという．

　ここで見てきたように，種の不変性に関するリンネの見解が大きく変わってきたことは明らかで，種間交雑や環境の影響，飼育栽培などにより，新種および新変種が形成されることを信ずるようになったと思われる．彼は1766年に彼自身の手による最後の『自然の体系（第12版）』を出版した．「種が新たに生まれることはない」という文を前書きから削除している．また，彼の蔵書を見ると，『植物哲学』の「自然は飛躍しない」という部分には線が引かれ，削除されている．さらに，『植物の種』では，2つの版を比べると，もはや違いを手短に表現できるほど種が不変であるとは彼が信じていないことがわかる．さらに，彼自身，性体系による植物分類はあくまでも便宜的なもので，そのうち本来の自然体系に基づく分類に取り換えねばならないものと考えていた．

　では，リンネの分類が100年以上も続いてきたことをどのようにして説明するのか？　唯一の説明は植物学者も動物学者も標本採集と命名に忙殺されていたからと思われる．植物学者たちは少なくともリンネの性体系と2名法に希望を託していた．彼らはこれらを破壊したら起こるであろう．計り知れない混乱に怯えていたのだろうとラムズボトムは締め括っている．

リンネの化石に関する記述

　『自然の経済』の中で，化石についても簡単にふれ，生物の遺骸と認めている (Linnaeus, 1749)．貝殻のような石とか植物のような石はかつて本当の動物や植物だったと今では認められている．貝殻は石灰質なので，周りの粘土などを変化させる．大理石は生物が石化したもので，化石が詰まっていることがしばしばである．化石は植物や動物とは異なるので卵から生まれるわけではない．化石の生成過程を説明することは難しいし，諸説が乱立し，ここでそのすべてを取り上げることはできないと述べるにとどめている．種が不変であると考えていたので，資料が

断片的な化石に特別な注意を払っていなかったと思われる．

リンネの分類学に対する功績

　リンネの分類学に対する功績を列挙すると以下のようになる．種の不変性を打ち破る基礎を作ることに大きく貢献した．
1. 当時，暗黙の了解だった「特殊創造説」による種の起原を明確に打ち出したこと．神が種を作り，種は不変であると明言したこと．
2. ラテン語を用いた種の2名式命名法（属名＋種小名）を確立し，その普及に努めた．
3. 界，目，属，種という階級を設けて，階層的な分類法を確立した．
4. 標本に基づき，記載を行い，診断し，命名するという手法を確立した．
5. 当時，知られていた動植物を網羅してまとめ，『自然の体系』など多くの著作を出版し続けた．これが刺激となり，未知の生物の探求と発見につながった．彼の弟子たちが世界の各地へ出かけて行った．クックの探検，フンボルトの南米の調査，さらにはダーウィンなどの海外調査へとつながった．

まとめ

　リンネはキリスト教の教義「特殊創造説」にしたがい，神により種は個別に創造され，不変であるという考えを明確に打ち出した．ラテン語を用いた種の2名式命名法，階層的な分類法，標本に基づき記載し，診断するという方法を確立した．弟子たちを使徒と呼び，世界各地に派遣して標本を蒐集している．リンネは晩年になると種の不変性に疑問を抱いていたと思われる．

リンネ（Carl Linnaeus 1707～78）

　1707年にスウェーデンのスモランド地方（Småland）のステンブロフルト（Stenbrohult）で牧師の長男として生まれる．
　彼の両親は彼が牧師になることを望んだが，先生から牧師の才能がないといわれてしまった．幸いなことに，もう１人の先生が，
「彼は正規の授業にはなじめないが，観察眼が優れ探求心と分析能力に秀でているので，立派な医者になれる」
と，太鼓判を押してくれた．そこで，ルンド大学に入学し，１年後にはより充実したウプサラ大学に移り医学を修め卒業．その後，医学の学位が必要となり，1735年にオランダにわたり，外国人の学生が短期間に，予備審査もなく，しかも審査料が安く学位が取れることで知られていたハルデルワイク（Harderwijk）大学に論文を提出し１週間で医学の学位を取得した．学位取得後３年間オランダに滞在し，『自然の体系』（1735）など何冊もの本を出版し，ヨーロッパでは名が知れるようになる．
　1738年に予定通り帰国．1741年にウプサラ大学の教授になり医学と植物学を担当する（Stafleu, 1971；Stearn, 1986；Koerner, 1999）．
　リンネはたくさんの本を出版しているが，中でも『自然の体系』は版を重ねて出版された．生存中にその数は12版にも上っている．ラテン語で書かれ，当時知られている植物と動物を網羅していることや，検索表により種の同定に便利で，ヨーロッパ中に広く普及した．
　リンネの『自然の体系（第10版）』（Linnaeus, 1758）が国際動物分類命名規約で，学名の出発点とされている．そこでリンネは従来の名称を新しいものに変更している．たとえば，四足類（Quadrupedia）を哺乳類（Mammalia）に変えている．
　四足類を哺乳類に変えたのは，当時，スウェーデンの中産階級の家庭では，赤ん坊はその世話を乳母に任せっきりにして，不衛生な環境で育てられ，弱々しかったという．リンネは北部のラプランド地域に住むトナカイの放牧をしながら生活しているサーミの人たちの健康的な生活に学ぶべきだと考えていた．サーミの赤ん坊が丸々と太って，健康的なのは母親が母乳で育てることにあると考えた．それに引き換え，同じ地域

に住む外部からの入植者たちは，母乳で育てる暇がなく，赤ちゃんは牛の角に入れた牛乳を飲んでいる．その上，たくさんの子どもを産み，子どもは健康状態が悪く，若いうちに亡くなるものが多かった．母親が子どもを母乳で育てることの大切さを強調するために，リンネは四足獣という名称を哺乳類に変えたと思われる（Koerner, 1999）.

ヒトを動物の中に位置づけたのもリンネである．霊長類（Primates）の中にヒト属（Homo）を設けた．その定義を「自分を知るもの（Nosce te ipsum）」としている（Linnaeus, 1735）.

リンネは重商主義者で，天然資源の少ないスウェーデンが栄えるためには輸入を少なくし，輸出を増やすことの重要性を説いた．リンネは弟子たちを「使徒」と呼び，世界の各地に派遣して，天然資源の調査を行っている．日本にもトゥンベリー（Carl Peter Thunberg）が派遣された．何人もの使徒が旅の途中で倒れている．

1762年には，ムール貝を用いた真珠の養殖法を開発したとされる功績で貴族の称号を得て，Carl von Linné と名乗るようになる．しかし，真珠は1粒も生産されなかったという（Koerner, 1999）.

リンネは終生，敬虔なクリスチャンとしてすごすよう努めたという．彼自身の戒めの言葉として「正しく生きよ．神は傍にいる」という標語をハマービー（Hammarby）にある夏の別荘の寝室の入り口に掲げていた（Heller, 1945）.

リンネは1763年頃から健康が次第に衰えてきたという．さらに1772年からは認知症も加わり，1778年1月10日に70歳で亡くなり，1月22日にウプサラ大聖堂の墓地に埋葬された（Stafleu, 1971）.

第4章
種は進化する―ダーウィン

ダーウィンの種

　ダーウィンは「ビーグル号」に乗り1831年12月27日にプリマス港を出て，1836年10月２日にファルマス港に戻った．「ビーグル号」による５年にわたる世界一周の航海である．帰国後，種が不変であるという考えに疑問を抱くようになり，1837年７月頃から『進化ノート』を書きはじめた．

> 「私たちは世界の気温や環境が変化を繰り返し生物に影響をおよぼしていることを知っている……種は滅び，新たな種が取って代わる――２つの仮説：種は個別に創造されたという説は単なる仮説で，何も説明していない．事実により確かめることができるだろう……もう１つの説，種は進化するという私の理論は，比較解剖学，本能，遺伝，哲学の研究へとつながり，……最後には生命の法則とは何かという大問題にまで発展するに違いない」

と今後の抱負を書き記している（Darwin, 1837）．その後，1838年９月にマルサス（Thomas Robert Malthus）の『人口論』を読む（Malthus, 1798）．そこには，

> 「人口は幾何級数的に，食料は算術級数的に，すなわち，一方は乗数的に，一方は加算的に増加するのである．アメリカでは25年ごとに人口が倍増している」

と書かれていた．ダーウィンはこれにヒントを得て自然選択により種が進化するという仕組みを考え付いたという．

自然選択

　ダーウィンは種が自然選択の力により進化すると考えた．自然選択とはどういうものか『種の起原』の第４章で以下のように要約している．

> 「長い年月の間，異なる環境の下で生活すると，生物は体の部分が多少なりとも変化することを疑う余地はないと私は考える．それぞれの種が幾何級数的に高い割合で増加するため，ある年齢の時，あ

る季節に，またはある年に，厳しい生存競争が起こることに疑いの余地はない．その結果，生物同士の関係や生物と環境の関係が無限に複雑なことを考慮すると，この複雑さが生物に有利となるような形態や体制，習性に無限の多様性をもたらすと思われる．育成動植物の場合，人に有用な多くの変異がもたらされたのと同じように，生物自身の繁栄に有利な変異がこれまで1つも起きなかったとしたらそれはまったく異様なこととしか思われない．だが，生物に有利な変異が起こるとすれば，この個体たちは確実に生存競争の中で勝ち残る最高の機会を得て，遺伝の強力な原理により彼らは同じような特徴を備えた子孫を生むことだろう．この保存の原理を私は簡潔に自然選択と呼ぶことにした．形質が現れる年齢も遺伝されるという原理に基づいて，自然選択は卵や種子，幼体も成体と同様に簡単に変化させることができる．多くの動物では性選択が一般の選択を手助けし，もっとも力強くもっとも適応した雄がもっとも多くの子孫を残すことが確実となるだろう．性選択が，雄同士の戦いに有利な形質を雄だけに授けるだろう．

　自然選択が実際に自然界で働いて，色々な条件や地域に適応するように生物の形を変化させてきたかどうかは，以下の章で示す全体の趣旨と証拠を天秤にかけ吟味されねばならないだろう．しかし，自然選択がどのようにして絶滅を引き起こしたのかを私たちはすでに見てきた．絶滅が世界史の中で大きな役割を果たしてきたことを地質学が明らかにしている．自然選択はまた，形質の多様性をもたらす．それは，構造や習性，体質が多様になればなるほど，より多くの生物が同一地域に棲むことができるからである．狭い地域に棲む生物や帰化生物を調べると証拠が得られる．したがって，すべての種の子孫が変化している間，すべての種が数を増やそうと絶え間ない戦いをしている間，これらの子孫が多様になればなるほど生存闘争で成功する機会が増すことになる．このようにして，同種内の変種を区別する小さな変異は確実に大きくなり，ついには同属内の種の違いや，さらには属の違いと同じほどになる．

大きな属に所属する，ごくありふれた，広く拡散し，広い地域に分布する種がもっとも変化に富むことをこれまで見てきた．そして，このような種が自分たちの生息地で自分たちを優勢にする特性をその子孫へ伝えるだろう．自然選択は今まで述べてきたように形質の多様化を促し，あまり改善されていないものや中間的なものといった多くの生物を絶滅へと導く．これらの原理に基づいて全生物の類縁性の性質が解明されると私は信じている．それは本当に不思議な事実である．この不思議さは，当たり前なので見過ごされやすい不思議さなのである．それはすべての動物とすべての植物はすべての時間と空間を通じて互いに類縁関係があるということだ．その関係は集団が集団に従属するというどこにでも見られる関係だ．すなわち，同種内の変種たちは互いにもっとも近縁な関係にある．同属内の種たちは多少とも離れた均一でない関係にあり，節とか亜属にまとめられる．異なる属の種たちは，さらに離れた関係にある．また，属は互いに類縁の程度が異なるので，亜科，科，目，亜綱や綱を作る．綱の中にあるいくつかの従属的な集団を1つの分類群にまとめることはできない．それらはむしろ，点の集まりで輪を作り，それがまた別の点と輪を作る．それが際限なく繰り返される．それぞれの種が独立に創造されたという説ではすべての生物の分類の中に認められるこの重大な事実を私は説明できないと考える．しかし，私の判断のおよぶ限りでは，遺伝と自然選択の複雑な作用により説明できると考える．図で示したように自然選択は絶滅と形質の多様化をもたらす」

生命の樹
「同じ綱に属する全生物の類縁関係が1本の大樹により表されることがある．私はこのたとえは，ほぼ真実を語っていると信じている．緑で芽吹きつつある小枝は現生の種を表し，古い枝はこれまでに絶滅した一連の種を表している．成長期には伸び盛りの小枝はすべて，四方八方に枝を伸ばそうとし，頂上に立ったものは周りの枝や小枝を枯らしてしまう．これと同様に，種と種の集団は生活をめぐる戦

いの中で他の種を圧倒しようとする．幹は大枝に分かれ，大枝は枝に，枝はさらに小枝へと分かれる．このような大樹もかつて幹は細く芽吹いた小枝だけだった．分岐した枝によるかつての芽と現在の芽のつながりは，絶滅種と現生種のすべてをグループのもとにグループをまとめるという分類をうまく表現している．木がまだ小さく，多くの小枝が茂って薮を作っていたのが，今ではそのうちの2, 3本だけが大枝となり生き残りすべての枝を支えている．長い過去の地質時代に生きていた種の中のほんの少しのものだけが現在も生きながらえ，変化した子孫を残しているのだ．この木が生まれて以来，これまでに多くの大枝や枝は朽ち果て折れてしまった．色々な大きさの失われた枝は，今では生存者のいない化石でしか知る由もない目や科，属を示している．下のほうの枝の叉から細い枝が所々から出て，幸運なことに今でも樹冠まで枝を伸ばし生きながらえている．それはちょうど，カモノハシや肺魚などのような動物を所々で見かけるのと似ている．これらの動物は2つの生命の大枝と類縁性により細い紐でつながれていて，安全な場所に棲み，致命的な競争から守られている．芽は成長して新たな芽を生み，活力があれば枝を伸ばし，周りの多くの弱い枝を押しのけて頂上に立つ．世代を重ね，生命の大樹も同じように枯れたり折れたりした枝で地殻を満たし，枝分かれを続けながら美しい枝ぶりで地表を覆いつくすことを私は信じる」(Darwin, 1859).

進化の不可避性

　ダーウィン以前にも種は不変ではなく変化すると唱えた人はいたが，その機構については説得力がなかった．ダーウィンは，個体変異が遍在すること，それぞれの種が幾何級数的に高い割合で増加するため，ある年齢の時，ある季節に，またはある年に，厳しい生存競争が起こることに疑いの余地はない．そこに自然選択が個体に作用して種が変化するという機構を提出した．

ダーウィンは自らを「生物学のニュートン」になぞらえていたという（Schweber, 1979）．それは「種の起原」を

「この生命観（種が自然選択により進化する）には壮大なものがある．この地球が確実な重力の法則にしたがって回転している間に，元々は 2, 3 ないしは 1 つのものに生命の息吹が吹き込まれ，諸々の力により，最初は単純だったものから，きわめて美しい，きわめてすばらしい無数の生物が生まれてきたし，今後も生まれてくるのである」

と結んでいることからもわかる（Darwin, 1859）．自然選択による種の進化を重力の法則と同等なものと見なしている．
　そして，ダーウィンの論理は，
1．個体変異が普遍的に存在し，個体変異は遺伝する．（ダーウィンにとって遺伝の仕組みは謎だったが）
2．生物は生存できるより多くの子孫を生む傾向にある．
3．個体間に生存競争が必然的に生ずる．
4．生存競争の結果，有利な変異を持つ個体が生き残り，そうでない個体は取り除かれるこれが自然選択の原理である．
5．自然選択の効果により集団の組成が変化し，種が変化する環境に適応する．

ということになる（Schweber, 1977；Gould, 2002）．

まとめ

　ダーウィンは「ビーグル号」に乗り世界一周の旅に出かけた．1831年12月27日にプリマス港を出発し，1836年10月2日にファルマス港に帰ってきた．5年にわたる調査旅行だった．各地で標本採集を行っている．帰国後しばらくして，種が不変であるという考えに疑問を抱くようになり，1837年7月頃から『進化ノート』を書きはじめた．1838年9月にマルサスの『人口論』を読み，自然選択により種が進化するという仕組みを考えついた．
　ダーウィン以前にも種は不変ではなく変化すると唱えた人はいたが，

その機構については説得力がなかった．ダーウィンは自然選択による種の進化という仕組みを考え出した．それは，
1. 個体変異が普遍的に存在し，個体変異は遺伝する．
2. 生物は生存できるより多くの子孫を生む傾向にある．
3. 個体間に生存競争が必然的に生ずる．
4. 生存競争の結果，有利な変異を持つ個体が生き残り，そうでない個体は取り除かれる．これが自然選択の原理である．
5. 自然選択の効果により集団の組成が変化し，種が変化する環境に適応する．というものである．進化は不可避的に起こると主張した．ダーウィンは自らを「生物学のニュートン」になぞらえていたという．

> ### ダーウィン（Charles Robert Darwin 1809〜82）
>
> 　1809年2月12日にシュルーズベリー（Shrewsbury）で生まれた．イギリスのイングランド・ウェスト・ミッドランズ地方シュロップシャーの郡庁所在地である．ロンドンの北西部の方角にある町．祖父と父は裕福な医者で，母はスザンナ・ウェッジウッドで，有名な陶磁器会社の娘．その第5子である．母は8歳の時に亡くなったが，3人の姉たちに見守られて育ったので，精神的な問題を抱えることがなかったと思われる．妻のエマ（Emma）もウェッジウッド家の娘．ダーウィンはイギリスの経済的に安定した中産階級の子として生まれた．
>
> 　1825年になると，兄のエラズマス（Erasmus）と一緒にエジンバラ医学校へ送られ，医学の勉強をはじめる．はじめは熱心に取り組んでいたのだが，うら若い16歳のダーウィンにとり19世紀はじめの医学は耐えがたいものだった．麻酔なしに子どもを手術する現実を目の当たりにし，医者になることを断念し，1827年に学校を去ることにした．
>
> 　その後，まもなくして，ケンブリッジ大学のクライスト・カレッジに入学している．聖職者になるためである．聖職者は当時の中産階級には尊敬されている職業だった．父は遺産だけでは生活するには十分ではないので，職につくことの大切さを熱心に説いて聞かせた．時にはダーウィンに「狩猟と犬，ネズミ捕りに夢中で，お前は家族の面汚しだ」と

までいったという．このケンブリッジ大学時代が後のダーウィンの人生には非常に重要だった．ダーウィンはケンブリッジでエリートの仲間入りをし，植物学や地学，科学哲学など多方面にわたる学者と知り合いになることができた．とりわけ，植物学者のヘンズロウ（John Stevens Henslow, 1796～1861）と地質学者のセジウィック（Adam Sedgwick, 1785～1873）は重要だった．（Browne, 2006）. 1831年4月26日にケンブリッジ大学を卒業．

　8月30日に「ビーグル号」による世界周航の招待状を受け取る．ヘンズロウがよこしたものだった．船長のフィッツロイ（Robert FitzRoy, 1805～65）が博物学関係の標本採集ができる人材を探しているという．フィッツロイは若くて（ダーウィンより4歳年上）科学に深い関心を持っているし，この航海がイギリスの科学の発展につくすことを信じているという．ヘンズロウはダーウィンが適任者だと考えたのだ．ダーウィンはすぐにこの申し出を受け入れたが，父は聖職者になるにはそぐわないので，猛反対だった．ダーウィンはすぐヘンズロウに断りの手紙を書き，翌日には妻エマの父ジョサイア・ウェッジウッドのところへ予定していた狩りをするために向かった．ジョサイアは，アマチュアとして博物学に取り組むのは聖職者として大変好ましいことだと考えていた．ジョサイアは狩りを取り止め，すぐダーウィンの家に行き，父親を説得し合意を取り付けた．ダーウィンは次の日，ケンブリッジへ出掛け，ヘンズロウと詳しく相談した．その後，9月5日にフィッツロイと会う．フィッツロイはダーウィンの鼻の形を見て，航海に必要なエネルギーと決断力に欠けると思われるので採用することをためらったという．しかし，9月11日には一緒にプリマスに出かけ，「ビーグル号」を検査することにした．その道中でダーウィンの鼻の問題は解決したようだ．フィッツロイは満足した．ダーウィンの航海が決まった．「ビーグル号」が1831年12月27日プリマスを出港した．そして5年後の1836年10月2日にファーマスに帰港した．（Barlow, 1958；de Beer, 1967）

　帰国後はロンドンに住み，1838年にエマ・ウエッジウッドと結婚．体調が優れないので1842年9月14日にはロンドンから南にあるダウンに引っ越し，そこが終生の住みかとなる．10人の子どもをもうけた．2番目

のアン（Anne Elizabeth Darwin, 1841～51）を10歳で，3番目のメアリー（Mary Eleanor Darwin, 1842）を生後3週間で，10番目のチャールズ（Charles Waring Darwin, 1856-1858）を2歳足らずで亡くしている（de Beer, 1967）．

　ダーウィン自身も体調が優れなかった．とくに1863年から1865年にかけてはひどく，1日のうち2，3時間しか仕事ができなかったという（Burkhard et al., 2002）．その原因については近親結婚の影響とか，ビーグル号航海中にかかった寄生虫によるもの，精神的なものなど諸説が出されている（Hayman et al., 2017；Orrego et al., 2007；Sheehan et al., 2008）．

　ダーウィンは心臓発作で倒れ，1882年4月19日に亡くなる．家族は遺体の埋葬をアンやメアリー，チャールズが埋葬されている近くの教会を望んだのだが，12人の国会議員と4人の王立協会会員の要請を受け，4月26日にウェストミンスター寺院に遺体は埋葬された（de Beer, 1967）．

第5章

ダーウィン批判

ハクスリーとグレイによる批判：
自然選択では種間雑種の不稔性を説明できない

ダーウィン批判

　ハクスリー (Thomas Huxley) は『種の起原』が出版されてまもなく，ダーウィンが種間雑種の不稔性の起原を説明できていないことに不満を漏らした．その後も死ぬまで指摘し続けた (Huxley, 1893).
　「人為選択により多様な形態を持つ品種を作ることができるようになり，一見すると進化を再現しているかのようである．異種間の交配では普通，子孫ができないか子孫ができてもその子孫（種間雑種）は不稔だ．このような自然界で見られる種を生理学的種と呼ぶ．たとえばウマとロバがこの例である．ウマの雌とロバの雄の間にできた種間雑種のラバは不稔である．一方，人為選択でできた品種間の交配では，たとえ品種間に形態的な大きな違いがあっても，できた雑種個体には稔性があり，これまでに不稔の品種間雑種を作ることができていない」
　人為選択では形態学的に大きく異なる品種を作り出すことができても，ハクスリーのいうような生理学的種を作り出すことに成功していない．人為選択と自然選択を同質なものと見なせないのではないか？ なぜ自然界では種間交配は不稔なのか？ 不稔性は神により与えられた特別な資質で，神により創造された種が混ざり合わないようにするためではないか？ ハクスリーはこの問題を解決するまでは進化説は不十分であると述べている．
　グレイ (Asa Gray；Gray, 1860) も『種の起原』の書評をしている．自然選択の原理をもとに自然界を見渡すと次に示すようなことが見えてくるという．
1．自然界では動植物に個体変異が存在する．しかし，この変異の原因は不明である．
2．すべての形質は遺伝するのが普通で，遺伝しないのは異常である．
3．似たものが似たものを産む．親とその子孫は似ている．
4．ささいな変種ともっとも際立った変種の間には決定的な違いがない．
5．種と変種との違いについて博物学者の意見が異なり，今後とも意

見が一致するとは思われない．これは多分，多くの場合その違いが本質的でも根源的でもないので決めかねているものと思われる．
6．大きな属の中でもっとも繁栄し優勢な種は平均してもっとも変異性に富んでいる．
7．大きな属の中では種は互いに近縁ではあるがそれは一様ではなく不揃いで，いくつかの種を中心にした集団を形成する．それはあたかもかつて祖先の種を中心にして取り巻いた変種だったものが，時間が経つにつれ変化し種となったと思われる．

『種の起原』の要点は，このように変種が自然選択を通し，やがては分岐し種となり属となるというのである．グレイは，このような関連性は事実で否定することができないという．ダーウィンの論拠は正しく自然だといい，ダーウィンの説を支持している．

グレイはさらに続けて，ダーウィン説はマルサスの教義の上に建てられていると指摘する．生物の繁殖力は大きい．ゆっくりと繁殖するといわれる人間でも25年間で倍になる．あらゆる植物と動物は幾何級数的に増加する傾向にある．一方，食糧の増加は，よくても算術級数的である．その結果，食糧不足が生じ生存競争が避けられない．より適応したものが数を増やし，そうでないものが数を減らす．自然選択というのは，すべての生きものが巻き込まれている生存競争の避けられない結果である．

最後にグレイは，この説の最大の難点として4つ挙げた．
1．地質学的記録が不完全である．
2．漸進的変化の証拠を欠く．たとえば，人と類人猿との間には形態的にも生理学的にも大きな違いが認められる．どこに共通の祖先がいたのかまったくその証拠がない．
3．種間雑種の不稔性．変種間の雑種には稔性があるが，異種間の雑種は不稔．
4．器官の生成と特殊化．

グレイはこのような難点が解決されるまではダーウィンの説は完成されたとはいえないと指摘した．

トムソン*（Thomson, 1862）による批判

　元々地球は灼熱状態だったものが熱を放出し続け，現在のように地殻ができてきたと仮定して，地球の年代を推定すると，せいぜい5億年だろうという．地球上に住んでいる私たちは今後とも太陽の光と熱を享受できるのはせいぜい数百万年だろうとも結論している．ライエル（Charles Lyell）が支持している斉一説に真っ向から反対している．

ジェンキン**による批判（Jenkin, 1867）

　種の起原を解明したというダーウィン学説は，生理学や博物学，地質学の分野に携わる多くの人たちからほぼ間違いがないだろうとか，真実だと確信できるとまでいわれ，理にかなった見解だとされている．彼らは，色々な事実は学説と矛盾がないという．彼らはいう．動物の親子の間にも小さな違いがある．1つの共通祖先から出現したと思われる変種の間にも大きな違いが見られることがある．種間の違いが変種間の違いより外見上，決して大きいとは限らない．たとえ種間の違いが大きいとしても，それは量の違いであって，質の違いではない．彼らは2つの動物が1つの共通祖先から出現したかどうかをすべての事例について決定できるはっきりとした明確な違いを見つけることはできないという．彼らは，生物の種が神により個別に創造されたというこれまでの見解とは異なり，すべて種がごく少数というより多分ひとつがいの祖先に由来するという結論を正しいと考えている．

　1つの共通祖先から出現したことがわかっている変種の間に際立った違いが人為的な交配により得られている．好みの特徴を最高度に備えた個体を何世代にもわたり人は選び抜いてきた．人はこのようにして小さな違いを積み重ねることにより，最後には際立った特徴を備えた変種を産み出すのだ．ダーウィンは，彼が自然選択と呼ぶ過程により，動物は「生存競争－強いものが生き残り，弱いものが死滅する」の中でより適したものが生き残り自分に似た子孫を残すと述べている．そして，世

---
* William Thomson　　** Fleeming Jenkin

代を重ねるうちに自然が特定の動物を選び出すという．自然界では動物は生存にもっとも有用な属性に基づいて選択される．一方，家畜の場合は人のために役立つ特徴を持つ個体を人が選択してきた．小さな連続した違いを積み重ね際立った変種を産み出してきた．ダーウィンは自然選択により，生存に有利な変異を持った動物が生存競争に勝ち残り，自分と似た子孫を残すのだという．強いものが生き残り，弱いものが滅びる．このようにして，世代を重ね，自然が特定の動物を選択するという．自然が用いる物差しは動物の生存に最適かどうかである．自然選択は動物の生存全体に関わる作業となるので過程はゆっくりとしたものとなる．もっとも原始的なひとつないしふたつがいの動物からすべての既知の動物を産み出すには膨大な時間がかかったと思われる．

　現生生物の間に見られる大きな違いを産み出すには大変長い時間が必要だったと思われるが，地質学者たちは生物が生存可能な地球はこれまで悠久の間存在し続けてきたし，今後も存在し続けるという．本当だろうか．

　さらに，すべての生物がこのようにして1つの共通の祖先に由来するのなら，完全な歴史的記録を見れば，そこには切れ目なくつながった生物の連鎖があり，それは過去に遡り最初に出現した生物から現在の生物にたどり着くまでが示されているはずである．隣り合った鎖の輪の違いは，現生動物の1組の親から生まれた子の間に見られる違いと変わらない程度であるに違いない．しかし，私たちはそのような記録を手にしていない．化石は無数にある連鎖の中のごく一部，それも痕跡しか示していない．ダーウィンの追随者たちは地質学的記録が完全でないのは仕方がないという．

　ダーウィン学説がよりどころにする核心的な事実は人為選択によって新しい品種を産み出したことと，すべての動物は似ているということである．自然選択は人が行ったと同じように特徴を選び出し，新しい種を産み出すことができるのだろうか．人は果たして原種から品種を区別する特徴を拡大し続ける無限の能力を持っているのだろうか．地質学的証拠以外に地球の年代を測ることができないのだろうか．

ダーウィン学説に反対を唱える人たちは，動物の種はそれぞれが固有の特徴を持ち，明確に識別できるという．人が新しい品種を産み出したといっても，それは別種と思われるようなとんでもない品種を産み出したわけではない．犬は犬で，馬は馬だ．品種の場合，既存の器官の機能をある程度改良することはできる．競走馬については改良を加えより速く走るようにしてきた．しかし，本当の問題は，既存の器官の改良ではなくて，新たな器官を作り出すことだ．たとえば眼とか鼻などの感覚器官はどのようにして出現したのだろうか．

　ダーウィンは自然が変種を選び出し，際限のない時間をかければ何でもやってのけることができるという．地球は地質学者たちがいうように際限なく続いてきたのだろうか．生物が暮らす地球の年齢は実際どのくらいなのだろうか．

　ジェンキンはダーウィンにならい，生物の持つ変異性を問題にした．まず遺伝に関する問題を取り上げている．遺伝とは親子が似ているという現象である．親の形質が子に受け継がれるということである．

　ダーウィン学説によれば，生物が変化する能力には限りがないという．祖先から子孫へ，その子孫からそのまた子孫へと限りなく変化して行くという．少なくとも現在までにわかっている生物の間に認められる違いの範囲までは，必要とされる変異する能力は無限とはいわないまでも十分あるという．

　まず変異には2種類のものがあることからはじめる．第1は，普通に見られる変異で，個体差と呼ばれるものである．それぞれの個体に避けられない小さな違いである．この変異が多くの個体に認められることと，その動物の生存に有利なものであることである．足が少し長いとか，短いといったものだ．生存競争の効果を最大限発揮させれば，変異をもっとも発達させるだろう．環境が変化すると，ある器官が重要になるだろう．そして，自然選択がその器官を改良するだろう．しかし，この効用には限界がある．種に属する大半の個体に変異が行き渡るまでである．そしてこの場合，器官は改良されるだけだ．自然選択により新しい器官とか習性が生まれるわけではない．自然選択が働くのはすでにある器官

で，それを改良することはできるだろう．

　第2はいわゆる'枝変わり'と呼ばれる稀にしか起きない異常な変異である．少数個体に新たな器官や習性をもたらすと考えられている．両手にそれぞれ6本の指を持つ子の場合などがこれに相当する．この事例も2つに分けられる．1つは枝変わりの子孫が自分たちの親と元の種との中間の形質を受け継ぐ場合である．枝変わりは稀にしか起こらないので，枝変わりの子孫は数の力で普通の子孫に圧倒され世代を経るごとにその特性は半分に薄められる．数世代も経てばその特性は消えてしまう．もう1つは，枝変わりの子孫がその特徴を失うことなく忠実に受け継ぐという場合である．この場合は，普通に見られる一般的な変異とは異なる現象なので，継続的創造説とでも呼ばれるにふさわしいものである．これはダーウィン説ではないので，自然選択説に依存しないし，新たな品種は元の古い弱い品種と交わることなしに確実にそれに取って代わるだろう．多くの人たちもこの説を認めることだろう．

時の経過

　ダーウィンは正直に次のように述べている．
　「これまでに経過した時間がとてつもなく長いことを認めることができない人はこの本（『種の起原』）をただちに閉じてしまうだろう」（Darwin, 1859）．
と，そして彼の学説には無限とはいわないまでも長い時間が必要であることを認めている．私たちは自然状態で生活している動植物が1000年経っても大して変化しないものだと確信している．小さな変化を積み重ねることにより昆虫のチョウとゾウの違いでなくても，せめてウマとカバの違いを埋めることができるのだろうか？ 1000年ごとに小さな変化が起こり，この小さな変化を無限に積み重ねると，どのような変化でも産み出されるのだろうか？ ダーウィンの信奉者たちは自分にいい聞かせることができるのだろう．私たちは猫から犬を作り出すことができないのだが，ダーウィンの信奉者たちは差を1000倍にするには1000年あれば

十分と考えているようだ．信奉者たちは多分，慎重に選択を行えば100万年も続けると何でもできると考えているのだろう．しかし，彼らは自然選択には長い時間が必要なことにすぐ気が付くだろう．100万年を日常生活の1分と同じくらいと見なすに違いない．ライエルたちが唱える斉一説によれば，これまで地球は無限の時間を経過してきたこと，生物が無数の世代を経てきたこと，物理的条件は私たちが日常よく知っているものとほとんど変わらないものだったことなどを信頼できるものだという．しかし，過去の時間に関するこの考えはまったく間違っていると思われる．少なくとも地球に関しては過去の時間は無限ではない．どの時代もそれ以前の時代とは似ていないし，将来の時代も過去の繰り返しではないだろう．地質学者の推測も計測方法が正確になり，それによると地球は生物が生息できるような状態がダーウィン流の進化を実行するには大いに不十分な期間しかなかったことがわかってきた．

　これらの主張の根拠を説明する前に，地質学的事実について考えてみよう．この地球に生物が生息できるようになって以来，大量の物質が浸食を受け堆積されたことははっきりしている．ダーウィンはイングランド南部のウィールド地方の高さ500フィートの崖が100年間に1インチずつ浸食され平地になるには約3億年の時間がかかったと推測している．

斉一説（uniformitarianism）

　ハットン（James Hutton 1726〜97）により提唱された地質学の学説で，ライエルにより広く普及した．斉一説は，過去も現在と諸条件が同じだと仮定することで，現在生じている過程である現象が説明できるなら，その説明を採用するとする近代地質学の基本的な考え方である（ウィキペディア）．ハットンは，
「これまでの研究の結果，地球のはじまりの痕跡も，終わりの兆候も見つかっていない」と結び，地球が永遠の存在であることを示唆した（Hutton, 1788）．ダーウィンはこの説に基づき，地球は膨大な時間を経過しているので，自然選択が働く時間的余裕は十分にあると考えた．

第2紀の後半以来からすでに3億年以上もの長い時間が経過したことは十分確かであると述べている（Darwin, 1859）．しかし，過去の時代でもこの作用が現在と同じだと仮定する根拠がどこにあるのだろうか？

　グラスゴー大学のトムソン教授が地球の年齢について物理学的な理論に基づいて議論している（Thomson, 1862）．地球は元々灼熱の状態だった．次第に表面から熱を奪われ，やがて地殻が形成され現在の姿になった．それはちょうど空中にぶら下がっている熱せられた鉄の球が冷えていくのと似ている．ほぼ5億年が経過したという．また，地球にははじまりがあり，地質学がいうような永遠の存在物ではないという．この5億年という時間はダーウィン説には余りにも短すぎる．

　これまでの議論は互いに関連したものである．種がある決められた限度を超えて変化することができないとすると，自然選択が間違いなく変異を産むことができるかどうかは重要でなくなる．たとえ自然選択が，より強力な動物を選び出し，すでに役立っている器官を特殊な環境の基で発達させることができるとしても，枝変わりで産み出されるような新しい不完全な器官を選び出すことはできない．そうだとすると，たとえ永遠の時間が与えられたとしても動物が変化する可能な範囲が限られることになる．ダーウィンは変化が持ち込まれる仕組みを本当に説明したことにはならない．最後に，子孫がその祖先から無制限に変化できるとしよう，そして自然選択が新しい感覚器を築くことができるとしよう，そうだとしても，時間，それも膨大な時間が許されないとしたら特徴を持つ子孫を何世代にもわたり選択し続け変化を積み上げることができなくなる．ここで議論した申し立てが正しいとなれば，それはダーウィン説には致命的である．何といったらよいのだろうか．実験により種の変異性には明確な限界があり，新たな器官が現れても自然選択は無能でそれを保持することができない．また，生物が生存できる地球が永遠に存在することは，有限の物体の中に無限の力を仮定することはできないという物理学的法則により不可能であることが厳格に証明されている

　私たちは経験から神が法則にしたがって働いていることを知っている．そして，私たちは問う．なぜダーウィンの特別な法則が必要なのかと．

そしてジェンキンは締め括る.

> 「立証されない限りもっともらしい学説を受け入れてはならない.この論評の議論が認められるなら,種の起原に関するダーウィンの学説は事実に基づいて十分に支持されているわけでないだけでなく,何重にも積み重ねられた証明により誤りであることが立証されている」

フィッシャーの見解

フィッシャー（Ronald Fisher）はダーウィンが遺伝に関して混合説（融合説）を受け入れたことが致命的だったと述べている（Fisher, 1930）.それは当時のすべての人たちが議論の余地のない見解と認めていた.この説を受け入れたことが変異に関する考えに大きな影響を与え,その結果,生物進化の要因に関する考えにも大きく影響した.混合説の論理的結末を明らかにし,その結末がダーウィンの見解の発展におよぼした影響をだけでなく,対立する遺伝の粒子説を受け入れることを余儀なくさせたことを明らかにしたい.

ダーウィンも混合遺伝の代案が必要だと考えていたことは確かであるが,その対案となる粒子説を明確に打ち出すことはなかった.彼の考えをまとめると,

1. 混合遺伝では両性生殖を続けると集団は急速に均一になる.
2. 変異を保つためには,新しい変異をもたらす原因が働き続けなければならならない.
3. 飼育生物の大きな変異の原因を飼育下で解明する必要がある.
4. 飼育生物の普遍的な特徴は生活環境の変化と食料の豊富さにある.
5. 飼育条件を変えると一定した遺伝的効果をもたらすことは確実だ.たとえば,餌を増やすと体が大きくなる.しかし重要な効果とはあらゆる方向に際限のない変異で,生殖系の活動の秩序を乱すような変異を引き出すことである.
6. 野生生物も,地質学的変化により被害を受けたり,食料が増えた

りする．そこで彼らもたまには変化するだろう．この際に，選択されないなら両性による繁殖のため中和され，変化は消え去るだろう．しかし，選択が働くとその変化は蓄積され進化的変化として続くだろう．

　ダーウィンはテーマがいまだぼんやりとしている．ただ私たちが遺伝についていかに無知であるかを知ることにはなる，と書き記している．

　遺伝の混合説という暗黙の仮説がダーウィンを捕らえた．とりわけ混合説は大きな突然変異率が必要となるので，ダーウィンは突然変異を産み出す仮説的な力に進化的な重要性を与えるようになった．粒子遺伝の機構（メンデル主義）が発見されてから突然変異の必要性が何千分の一以下になった．純系実験により混合説の役割は二次的な可能性までも失った．突然変異がある一定の進化方向に向かって起こるのではないこともわかってきた．

まとめ

　ダーウィンが『種の起原』を発表すると各方面から批判がでてきた．ダーウィンの進化説を支持したハクスリー（1893）とグレイ（1860）も自然選択説の不備を指摘した．種間雑種の不稔性の問題である．

　トムソン（1862）は，元々地球は灼熱状態だったものが熱を放出し続け，現在のように地殻ができてきたと仮定して，地球の年代を推定すると，せいぜい5億年だろうという．地球は若いので，ダーウィンが主張する種の進化には時間が圧倒的に足りない．

　ジェンキン（1867）は批判する．自然選択によりすでにある器官を改良することができても，まったく新しい器官を出現させることはできない．「枝変わり」といわれるような稀にしか起きない異常な変異は少数の個体に限られるという．遺伝の仕組みが親の形質が混合して中間の形質が子に伝えられていくとしたら，その特性は世代を経るごとに半分になるので，数世代もたてば消えてしまう．地球の年齢もトムソン（1862）によれば，5億年が経過したという．ダーウィン説には余りに

も短すぎる．私たちは経験から神が法則にしたがって働いていることを知っている．そして，私たちは問う．なぜダーウィンの特別な法則が必要なのかと．そして，ジェンキンは締め括る．

「立証されない限りもっともらしい学説を受け入れてはならない．この論評の議論が認められるなら，種の起原に関するダーウィンの学説は事実に基づいて十分に支持されているわけでないだけでなく，何重にも積み重ねられた証明により誤りであることが立証されている」

チャールズ島のローソン氏

ダーウィンが『ビーグル号航海記』の中で大変感謝しているガラパゴス諸島に住んでいるローソン（Nicholas O. Lawson）氏について，注意を喚起したいとラックは述べている（Lack, 1963）．

ダーウィンがビーグル号航海中に進化に目覚めるのに果たしたもっとも重要な原理は，ガラパゴス諸島では，島ごとに動物がはっきり異なっているという強い印象を受けたことにあると最近の専門家たちの意見が一致している．しかし，この点をここで問題として取り上げる．実はこれはダーウィンの発見ではなかったのである．

ダーウィン自身が次のように述べている．

「私はガラパゴス諸島の自然史に特別に際立った特徴があることに気が付いていなかった．それは，島ごとに生物相が大きく異なるということである．このことに気付かせてくれたのがこの島に住む刑務所副所長のローソン氏だった．島ごとに陸ガメの形が異なるという．そして，カメを見ればどの島のものかを確実に当てることができるという．私はしばらくの間このことを気にしていなかったので，島ごとに標本を分けずにひとまとめにしてしまっていた．50マイルほどしか離れていない，目の届く距離にある島に別のものがいるとは夢にも思わなかった」（『航海記第2版』）．

その後，ダーウィンは島ごとに動物の違いを記録している．カメ，ウミイグアナ，マネシツグミ，フィンチ（鳥類）と植物など．ダーウィン

はフィンチについて述べている.

「この小さい近縁の鳥が島ごとに少しずつ変化し,多様な姿をしているのを見ていると,この諸島では元々は1種の鳥だったものが変化し,島ごとに分化したと本気で空想してしまう」

これが1859年以前に公表した唯一のダーウィンの進化説で,1845年に出版した『ビーグル号航海記』の第2版に記している.1839年の初版にはない.

ダーウィンがガラパゴス諸島を訪れた順番は,まずチャタム島,次にチャールズ島,アルベマール島,ナルボロ島,最後にジェームズ島だ.彼が鳥類標本を一緒にしたのはチャタム島とチャールズ島のものだけである.他の島のものはそれぞれ分けている.そして,ローソン氏と会ったのはチャールズ島だった.

チャールズ島に刑務所が設置されたのはダーウィンが訪れた2,3年前のことだった.エクアドル共和国の政治犯を収容していた.カメを記載しながらダーウィンは記している.

「ローソン氏はイギリス人で,刑務所の副所長で,私たちにカメについて教えてくれた.大きなものでは持ち上げるには6人から8人の大人がいるという」.

ローソン氏に関する記録はこれだけだ.どのようにして1人のイギリス人が新しいエクアドルの副所長になったのか不思議に思ったのだろう.

ダーウィンがこれらの事実を彼自身で確認できたかは疑問である.彼自身の滞在期間は短く,カメの間の差には大した違いはない.彼は同じような現象をガラパゴスマネシツグミで気付いたと思われる.島ごとに,大きさだけなく,色も,嘴の大きさや形に違いがある.

もしローソン氏がいなかったとしたら,『種の起原』が書かれたのだろうかという疑問が残る(Lack, 1963).

第6章

ダーウィンの回答：

批判のすべては将来の課題で，自然選択説にとり致命的ではない

ハクスリーとグレイの批判：種間雑種の不稔性の起原

 ダーウィンの『種の起原』は種分化についてほとんど語っていないとよく批判されてきた．ことに，種間雑種の不稔性と生存不能性の進化を説明していないといわれている（Gray, 1860；Huxley, 1893）．

 しかし，『種の起原』の「第8章種間雑種」をよく読むと，ダーウィンは種間雑種の不稔性と生存不能性の進化について，ほぼ現代的な理解の域に達していたことがわかる（Presgraves, 2010）．

 今では当たり前となっているが，彼は2つの確固とした事実に基づいていた．第1は，種間の不稔性障害は造物主が特別にもたらしたものでもないし，自然選択の直接作用でもなく，種分化で生じた違いに付随した副産物である．第2は，種間雑種の不稔性は種分化の結果，2つの種の間に違いが大きくなった精子と卵子が1つに合体して発生がかき乱されたことによる．後に，ドブジャンスキー（Theodosius Dobzhansky）やマラー（Hermann Joseph Muller）がその仕組みを明らかにしている（Dobzhansky, 1936；Muller, 1942）．

 本の題名にもかかわらず，ダーウィンの『種の起原』は「謎の中の最大の謎——種の起原の謎」を解くことができなかったとしばしばいわれてきた．ダーウィンの番犬と呼ばれたハクスリーは『種の起原』が出版されてまもなく，ダーウィンが種間雑種の不稔性の起原を説明できていないことに不満を漏らした．その後も死ぬまで指摘し続けた（Huxley, 1893）．ハクスリーはいう．

> 「人為選択により多様な形態を持つ品種を作ることができるようになり，あたかも進化を再現しているかのようである．異種間の交配では普通，子孫ができないか子孫ができてもその子孫（種間雑種）は不稔だ」

このような自然界で見られる種を生理学的種と呼ぶ．たとえばウマとロバがこの例になる．ウマの雌とロバの雄の間にできた種間雑種のラバは不稔である．一方，人為選択でできた品種間の交配では，たとえ品種間に形態的な大きな違いがあっても，できた雑種個体には稔性があり，

これまでに不稔の品種間雑種を作ることができていない．人為選択では形態学的に大きく異なる品種を作り出すことができても，ハクスリーのいうような生理学的種を作り生み出すことに成功していない．その後，60年たったが，ベイトソン（William Bateson；Bateson, 1922）も種間雑種の不稔性は進化生物学の中の大問題の1つだと強調している．グレイもハクスリーもベイトソンも生物の進化を疑うわけではないが，これは種の起原に関する大きな謎で，種間雑種の不稔性の問題が解決されるまでは種の起原が解明されたことにはならないと指摘した．

ダーウィンも自然選択説にとってこの問題は重要だという．それは，雑種個体の不稔性は雑種個体にとって何の利益にもならないので，自然選択説では不稔性が将来も引き続き保存されることにならないからである．ダーウィンは自然選択の作用は個体に働くと考えている．種ではない．そこでダーウィンは，不稔性は特別に獲得したとか授かった資質ではなく，他に獲得した違いに付随したものであると考えた．

ダーウィンは種間雑種の問題を次のように切り出している．

「異種間で交配が起こると，不稔性という資質を特別に授かっているのは生物が混乱しないためであるという説は，おおかたの博物学者に受け入れられている．この説はもっともらしく思われる．というのは，同じ地域に棲む種が自由に交配できるとなれば，それぞれの種の独自性を保つことが難しくなるからである．種間雑種が普通不稔であるという事実を最近の研究者は軽視するきらいがある．しかし，この問題は自然選択説にとり，とくに重要である．というのは，雑種が不稔であることは雑種個体には何の利益にもならないので，不稔性を継続して保存することができず，したがって不稔性を獲得することができないからである．しかし，私は不稔性が特別に獲得したとか授けられた資質ではなく，別に獲得した違いに付随したものであることを示すことができると思う」(Darwin, 1859).

と述べ，最終的には，種間雑種の不稔性は種が分化して，違いが大きくなったことに付随した現象と見なした．

この問題を扱う際に，基本的に異なる2種類の事実がよく混同されて

いる．それは，最初に交配した2種の不稔性（胚の生存不能）と，生み出された雑種個体の不稔性である．ダーウィンは種や変種そしてそれらの雑種の間で交配した結果を調査して，いくつかの規則と事実を挙げている．

1．交配により不稔性の程度は0から1まで幅がある．
2．最初の交配と雑種の交配の稔性は分類学的な近さに大きく依存する．
3．雑種個体の雄は不稔になりやすい．
4．交配するのが困難な種では生まれた雑種個体は普通不稔であるが，交配が容易な場合でも不稔の雑種個体が生まれることがある．一方で，稀にしか交配しない種間で稔性のある雑種個体が生まれることがある．
5．相互交配（オスとメスの組み合わせを取り換えた交配）では，しばしばその稔性が異なる．

ダーウィンはこれらの規則と事実を踏まえ，最初の種間交配の不稔性も雑種の不稔性も交配した種間の主に生殖系に付随した現象か，生殖系の未知の違いによることを明らかに示しているという．そして，相互交配の事例は，神により種が創造されたという博物学者に取り困る問題だという．雑種個体の不稔性が種の完全な状態を保つために神により授けられたとするのなら，雑種個体の不稔性が両方向でなく，なぜ一方向なのだろうか？

ダーウィンは次のように述べている．

「神の計画も自然選択も種の境界を維持するためにこのように厄介で一見気まぐれな不稔性障害という規則を作ることはしなかった．種間の不稔性障害は適応的なものではなく，種分化に伴い獲得した違いに付随したものだ．種間雑種の不稔性と生存不能性は種分化を起こして分化した2個体が合体した際に混乱が起きた結果である」
（Darwin, 1859）．

その後，種間雑種の遺伝的不稔性の進化モデルをドブジャンスキーとマラーが考案している（Dobzhansky, 1937a; Muller, 1942）．ドブジ

ャンスキー・マラーの種間遺伝的不適合性モデルと呼ばれている（Presgraves, 2010）．たとえばドブジャンスキーのモデルでは，2つの遺伝子座位に遺伝子型 aabb を持つ1つの祖先集団が2つの異所的集団に分裂する．新たな突然変異Aが生じ，広がり1つの集団で固定する（AAbb）．同様に新たな突然変異Bがもう1つの集団に生じ，固定する（aaBB）．そして，AとBが不適合となる．このモデルで重要な点は，この進化過程では新たに生じたAとBという突然変異が1つの個体の中で一緒にならないことである．その後，雑種不適合性遺伝子と呼ばれるものが見つかっている（Presgraves, 2010）．

したがって，種間雑種の不適合性に関するダーウィンの主張は間違っていなかったといえるだろう．

トムソン（1862）の批判について

私たちの地球が固まって以来，生物が変化をとげてきたのだが，それに要する時間が地球の年齢を考慮すると十分でないと指摘された．この異議はトムソン卿によって出されたのだが，これまでに出されたものの中でもっとも深刻なものだった．

「まず第1に，種が年ごとにどのくらい変化するのかはわからないこと，そして第2に，多くの哲学者たちの間で，宇宙や地球の内部の構造を無難にどのくらい古くまで遡り推測して知ることができるのかについてまだ合意が得られていないとしか私はいうことができない」（Darwin, 1872）．

地質学的記録が完全でないことは皆が認めている．しかしそれは不完全ではあるが，私たちの学説と矛盾していない．十分な時間の間隔を開けると種がすべて変化していることを地質学ははっきりと示している．そして，学説が要求するような形で種が変化している．種はゆっくりとしかも徐々に変化している．連続した地層からの化石は，広く隔てられた地層の化石より必ずお互いに近縁であることから，私たちはこのことをはっきりと知るのである．

ここで私はできる限り回答と説明を簡潔にしようと思う．私はこれまで長い間その重みを疑いながらもこれらの難点を重く受け止めてきた．しかし，とくに注意しなければならないのは，私たちはまったく無知であることを告白しなければならない疑問と関連したより重要な異論である．それと同時に，私たちがいかに無知であるかを自覚することです．私たちはもっとも単純なものともっとも完全なものとの間に横たわるすべての移行段階を知っているわけではない．長い時間的経過の間の分布の多様な手段についてすべてを知っているというわけにはいかないし，私たちは地質学的記録がいかに不完全なものであるかを知っている．これらの異論が重大であるからといって，引き続く変化を伴った由来の学説を廃止するには決して十分だとは，私は思わない．

　ダーウィンは『種の起原（第3版）』から「地質学的記録の不完全さについて」の中の「ウィールド地域の浸食による地形の変化に3億年もの年月が費やされた」という記述を削除している．火山島では浸食作用が激しいことがわかり，浸食作用が地域により一様でないことによるという．

　その後，地球の年代については放射性同位元素に基づく測定法が開発され，現在では生物の起原は地球に岩石が形成された時の40億年前まで遡るといわれている（Bell et al., 2015；Tashiro et al., 2017）．

ジェンキンの批判について（Jenkin, 1867）

　1867年に，ジェンキンにより，新しい器官の出現については自然選択の力では説明できないこと，地球の歴史が短いこと，遺伝を混合説では説明できないと批判が出る．（Jenkin, 1867）ダーウィンは反論できなかったが，いずれも自然選択説には致命的なものではないと述べるにとどめた（Darwin, 1872）．

　さらに，ダーウィンの支持者であるハクスリーとグレイは種間で普通認められる不稔性の起原を自然選択では説明できないことを「自然選択説」の不備だと指摘した．

　また，ダーウィンは，『種の起原（初版)』を，

「この生命観には壮大なものがある．ごく少数のものか，ただ1種類のものがもろもろの力とともに生命の息吹を吹き込まれたことにはじまった．重力の不変の法則にしたがいこの惑星が回転し続けている間に，最初は単純だったものが徐々に展開していくうちに今やもっとも美しくもっともすばらしいものになり，今後も展開し続けていくのである」

と締め括ったが，第2版から最終の第6版まで，

「この生命観には壮大なものがある．諸々の力を持つ造物主によりごく少数のものか，ただ1種類のものが生命の息吹を吹き込まれたことによりはじまった．重力の不変の法則にしたがいこの惑星が回転し続けている間に，最初は単純だったものが徐々に展開していくうちに今やもっとも美しくもっともすばらしいものになり，今後も展開し続けていくのである」

と，書き換えた．「諸々の力を持つ造物主により」という部分が足されている．また，ダーウィンは『自叙伝』の中で，

「私は難解な問題にほんの少しでも光を投げかけることができるとは思っていない．すべての物事のはじまりという謎を私たちは解くことができない．私は個人的には不可知論者としてとどまることで満足しなければならない」

と述べている（Barlow, 1958）．「造物主の力」を書き加えたのは，ただ単に宗教的な反発を和らげようとしただけではないように思われる．

まとめ

ハクスリーとグレイの批判：種間雑種の不稔性の起原

ダーウィンは種間雑種の不稔性と生存不能性の進化について，ほぼ現代的な理解の域に達していたことがわかる（Presgraves, 2010）．今では当たり前となっているが，彼は2つの確固とした事実に基づいていた．第1は，種間の不稔性障害は造物主が特別にもたらしたものでもないし，自然選択の直接作用でもなく，種分化で生じた違いに付随した副産

物である．第2は，種間雑種の不稔性は種分化の結果，2つの種の間に違いが大きくなった精子と卵子が1つに合体して発生がかき乱されたことによる．後に，ドブジャンスキーやマラーがその仕組みを明らかにした（Dobzhansky, 1936；Muller, 1942）．したがって，種間雑種の不適合性に関するダーウィンの主張は間違っていなかったといえるだろう．

トムソンの批判：地球の年代

　地球の年代についてまだ合意が得られているとはいえない．地質学的記録が完全でないとはいえ，私たちの学説と矛盾していない．十分な時間の間隔を開けると種がすべて変化していることを地質学ははっきりと示している．そして，学説が要求するような形で種が変化している．種はゆっくりとしかも徐々に変化している．連続した地層からの化石は広く隔てられた地層の化石より必ずお互いに近縁であることから私たちはこのことをはっきりと知るのである．

　その後，地球の年代については放射性同位元素に基づく測定法が開発され，現在では生物の起原は地球に岩石が形成された時の40億年前まで遡るといわれている．

ジェンキンの批判

　新しい器官の出現については自然選択の力では説明できないこと，地球の歴史が短いこと，遺伝を混合説では説明できないと批判が出る．ダーウィンは反論できなかったが，いずれも自然選択説には致命的なものではないと述べるにとどめた．とくに起原の問題については，『自叙伝』の中でダーウィンは，

> 「私は難解な問題にほんの少しでも光を投げかけることができるとは思っていない．すべての物事のはじまりという謎を私たちは解くことができない．私は個人的には不可知論者としてとどまることで満足しなければならない」

と述べている．「造物主の力」を書き加えたのは，ただ単に宗教的な反発を和らげようとしただけではないように思われる．

第7章

ダーウィンの難問:

眼のような複雑で精巧な器官の出現を自然選択で説明できるか

眼の問題

ダーウィンは『種の起原』最終版の第6版に「自説の難点」という章を設けた．その中の「極端に完成度が高くて複雑な器官」の節で，眼を取り上げている（Darwin, 1876）．

ダーウィンは次のように述べている．

「眼は遠くから近くまで焦点を自由自在に調節でき，異なる光の強さにも対応し，さらに球面収差と色収差を補正できる優れた装置である．このような眼が自然選択により作られたとは，私は正直なところもっともあり得ないことだと思う．かつて太陽が不動で，その周りを地球が回っているとはじめて主張された時，常識を持った人たちはその主張を間違いだといったものだ．古くからの格言である「民の声は，神の声」というのはあらゆる哲学者が知っての通り，科学には通用しないものだ．理性が私に呼び掛ける．もし単純で不完全な眼から複雑で完全な眼へと少しずつ変化する段階があることを示すことができたとする，それぞれの段階は持ち主に確実に役立つことは明らかだ．さらに，眼はつねに変化し続け，その変化は遺伝されるとする，これも確かなことと思われる．そして，変化し続ける環境のもとで生活する動物にとってこのような変異が有益であるなら，自然選択により完璧で複雑な眼が形成されるということを信ずることの困難さは，たとえ私たちの想像力を超えるものであるにせよ，この説（自然選択説）を覆すものとは考えられない．視細胞がどのようにして光に反応できるようになったのかは，生命そのものの起原と同様に難問だ．しかし，私は次のように考えている．もっとも下等な生物の中に，光を検知できる物質を持つものが現れる．この視物質が塊となり視細胞となり，光に反応できるようになる．眼と呼ばれるに値するもっとも単純な器官は視細胞とそれを取り囲む色素細胞からなるものである．もちろんレンズを備えているわけではない．明暗を区別するだけで，形や色を識別できるわけではない」

ダーウィンがはっきり指摘しているように，眼の起原を自然選択で説明することはできない．自然選択ができることは少なくとも何か機能を持つ器官などの進化を促進することに限られる．したがって，ダーウィンが考えた原型的な眼の起原は非常に稀に起こる純粋に確率的な出来事で，自然選択によるものではない．しかし，動物の多様な系統群で眼が独自に起原したという仮説（Salvini-Plawen & Mayr，1977）は受け入れ難い．その理由は，眼は大きく3つの型——カメラ型と複眼型と鏡型——に分けられるが，そのすべての型が軟体動物で見られることなどからも，眼の多系統起原説を支持することはできない．今では，初期の段階で確立した発生機構と細胞型の歴史を共有することによる平行進化によるものと考えられている（Gehring，2005；Gehring & Seimiya，2010；Shubin et al.，1997，2009）．

ジャコブの「進化と鋳掛け」：偶然と必然

　ジャコブ（François Jacob）が「進化と鋳掛け」という題で，進化について論じている（Jacob，1977）．自然選択は人の行動と似ているわけではないが，それでも，あえてたとえるなら，自然選択の仕事は技術者というより「鋳掛屋」の仕事と似ている．鋳掛屋は前もって何を作ろうということもせずに，身の回りにあるものを寄せ集め，何か役に立つものを作るのである．技術者は企画を立て，その実現は彼の企画に正確に適した原材料と道具を入手することにかかっている．一方，鋳掛屋のほうは寄せ集めたものでやりくりするのである．最終的に何を作るのかはとくに決まっているわけではない．成り行き次第である．鋳掛屋が使える材料にはとくに厳密に明確な機能を持ったものはない．それぞれのものがいくつかの用途に使うことができる．技術者の道具とは対照的に，鋳掛屋の道具は計画によって決められているわけではない．共通しているのは何かの役に立つだろうということである．何のために？　それは時と場合による．

　ダーウィン以来，生物学者たちは生物の進化の中で働いている機構，

すなわち自然選択についてこれまで綿密に検討してきた．自然選択はすべての生物が強いられている2つの制約の結果である．
1． 繁殖の必要条件（これは突然変異や遺伝子組み換え，そして親とよく似ているが同じではないものを生み出す生殖などの特別な仕掛けにより綿密に調整された遺伝的機構を通じて行われる）．
2． 取り巻く環境との相互作用－生物は物とエネルギー，情報の絶え間ない流れの中でのみ生き続けることができる．

　よくいわれることだが，自然選択は有害な変異を取り除き繁殖に有利なものだけを選び抜くだけの「ふるい」ではない．自然選択は変化に方向付けを行い，より複雑な構造や，新たな器官，そして新たな種を産み出す．新しいものは古い材料を以前に見られなかった組み合わせによりもたらされる．創造は組み換えである．

　鋳掛屋は，しばしばはっきりとした長期にわたる計画なしに手元にある材料を使い思いがけない機能を持った新しいものを産み出すものである．古い自転車の車輪を使いルーレットを作ったり，壊れた椅子でラジオのキャビネットを作ったりする．同様に進化でも腕が羽になったり，顎の一部が耳の一部になったりする．

　技術者たちとは異なり，鋳掛屋たちは同じ問題に取り組んでも，異なる答えを出すきらいがある．このようなことは進化にも認められる．眼の場合がよい例だ．ヒトの眼とタコの眼ほど似たものはないとよくいわれる．両方ともほぼ同じように働く．しかし同じようには進化して来なかった．脊椎動物（ヒトなど）では網膜にある光受容体細胞は光の来る方向に背を向けているが，軟体類（タコなど）でそれは光の来る方向を向いている．自然選択はそれぞれの場合で使える材料に応じてできることをするのである．

進化による新しい器官の出現

　進化は新しい器官を最初からすべてを生み出すのではない．すでにあるものを基に，系に手を加えて新しい機能を持たせたり，いくつかの系

を組み合わせ，より精巧なものを産み出したりする．このことは，たとえば細胞進化の主要な出来事の1つである単細胞から多細胞への移行の際にも起きている．このような移行は何回も起きたと思われるが，その際には何ら新しい化学物質の創出を必要としなかった．単細胞生物と多細胞生物の間には分子種には大きな違いが認められない．それは主にすでにあるものの再編によるものだった．

　自然選択の鋳掛け的側面がもっとも明らかなのは分子のレベルである．生物界の多様性とその底にある統一性を特徴づけているものは何か．生物界はバクテリアとクジラ類，ウイルスとゾウ，極地には-20℃のところに棲んでいるものもいれば，別のところでは70℃の温泉に棲むものもいる．にもかかわらず，これらすべてのものは化学的な組成と機能が驚くほど一致している．似た高分子化合物や核酸，タンパク質などは，4種の塩基と20種のアミノ酸という基本的要素でできていて，似た役割を果たしている．遺伝的暗号は同じで，翻訳装置も大変よく似ている．

　たとえば，哺乳類の多様性と特殊化は，化学的組成を変化させるのではなく，調節系を変化させる変異によるものと思われる．バクテリアからヒトに至るまで，多くの代謝段階が基本的に同じである．いったん，生命が原始的な自己増殖する有機体の形ではじまると，その後の進化は主にすでにある化合物の改造により進められた．新たな機能は新たなタンパク質が現れて発展したが，すべてがそれまでの手直しにすぎなかった．複雑で完成された有機体はすでに大昔から存在してきたのである（Jacob, 1977）．

まとめ

　ダーウィンは眼のような「極端に完成度が高くて複雑な器官」の出現を自然選択で説明できるかと問い掛けた．ダーウィンがはっきり指摘しているように，眼の起原を自然選択で説明することはできない．自然選択ができることは少なくとも何か機能を持つ器官などの進化を促進することに限られる．したがって，ダーウィンが考えた原型的な眼の起原は

非常に稀に起こる純粋に確率的な出来事で，自然選択によるものではない．いったんこの原型的な眼が出現すれば，あとは自然選択の力で，多様な眼へと発展する．

　進化は鋳掛けだという．自然選択の仕事は技術者というより「鋳掛屋」の仕事と似ている．鋳掛屋は前もって何を作ろうということもせずに，身の回りにあるものを寄せ集め，何か役に立つものを作るのである．技術者は企画を立て，その実現は彼の企画に正確に適した原材料と道具を入手することにかかっている．

　技術者たちとは異なり，鋳掛屋たちは同じ問題に取り組んでも，異なる答えを出すきらいがある．このようなことは進化にも認められる．眼の場合がよい例だ．ヒトの眼とタコの眼ほど似たものはないとよくいわれる．両方ともほぼ同じように働く．しかし同じようには進化してこなかった．脊椎動物（ヒトなど）では網膜にある光受容体細胞は光の来る方向に背を向けているが，軟体類（タコなど）でそれは光の来る方向を向いている．自然選択はそれぞれの場合で使える材料に応じてできることをするのである．

　進化は新しい器官を最初からすべてを生み出すのではない．すでにあるものを基に，系に手を加えて新しい機能を持たせたり，いくつかの系を組み合わせ，より精巧なものを産み出したりする．

　自然選択の鋳掛け的側面がもっとも明らかなのは分子のレベルである．生物界の多様性とその底にある統一性を特徴づけているものは何か．すべての生物で，似た高分子化合物や核酸，タンパク質などは，4種の塩基と20種のアミノ酸という基本的要素でできていて，似た役割を果たしている．遺伝的暗号は同じで，翻訳装置も大変よく似ている．複雑で完成された有機体はすでに大昔から存在してきたのである．

パンゲネシス説

　ダーウィンが提唱した遺伝仮説．基本的には，混合説の1種．ダーウィンは次のように述べている．
　ほとんど普遍的に認められていることだが，細胞や体の部分はそれ自身が分裂したり増殖したりして同じ性質を保ちながら繁殖し，最終的には体の組織や血液などになる．
　しかし，このような成長の他に，細胞は完全に受動的な決められた物に変換する前に微細な顆粒ないし原子を放出すると私は仮定したい．その顆粒ないし原子は体中を自由に循環し，適当な栄養分を受け取ると分裂して増え，発達して元の細胞となる．この顆粒を細胞ジェミュールまたは細胞説がまだ確立していないのでジェミュール（gemmules）と呼ぶことにする．ジェミュールは親から子へと引き継がれ，普通は直接次の世代で発現するが，しばしば休眠状態になることもあり，何世代もへた後に発現することもある．ジェミュールの発現は他の発達した細胞やジェミュールとの結合によるものと考えられる．ジェミュールはすべての細胞と組織から，成体に限らず発生のすべての段階で放出されると思われる．
　最後に，休眠状態のジェミュールは互いに親和的で塊となり，芽とか生殖器官に入り込む．したがって厳密にいえば，ジェミュールは新しい個体を産み出す生殖器官でも芽でもないが，体の隅々に分布する細胞ということになる（Darwin, 1868）．

第8章

生物学的種の概念:

生い立ちと変遷

ポールトンの「種とは何か？」

　ポールトン（Edward Bagnall Poulton）がロンドン昆虫学会で会長講演を行い生物学的種の定義を述べている（Poulton, 1908）．種の定義を試みようとするとリンネを抜きには議論するわけにはいかない．リンネは種を，
　　「神により1つひとつ個別に創造され不変である」
と述べている（Linnaeus, 1735）．
　リンネの定義は2つの異なる理念を含んでいることをまず指摘しなければならない．
　1．種は形態が多様で，それぞれが持つ特徴により互いに区別される．その特徴は研究して明らかにできる．
　2．このような種の違いは神により種がそれぞれ個別に創造された時から固定され，永久に不変である（特殊創造説）．

　種が不変という考えがどのようにして信じられるようになったかについては色々な説がある．そのうちの1つにミルトン（John Milton, 1667）の影響だという説がある．ミルトンの『失楽園』の中に出てくる．しかし，私は時代の精神とともにつねに語りつがれてきた信念が清教徒運動の理解者であるミルトンに乗り移ったと思いたい．レイ（John Ray, 1627〜1705）はミルトンより少し若いのだが，多くの人が種の不変性という見解は彼がはじまりだという．また別の人はレイと似たような考えはボアン（Kaspar Bauhin, 1550〜1624）まで遡るという．

　いずれにしても，種が不変だという考えはレイからリンネに伝わった．リンネは種が実在し不変であると考えたが，それは科学の発展に必要なものだったのかもしれない．

　神が種を創造したとする特殊創造説は，科学の領域に入り込む余地のない宗教的教義である．ダーウィンは，これまで種形成を議論することは科学を超えたものであると考えられてきたし，この分野はまだ神学を信じている段階にあると述べている．これが『種の起原』の原理が発表された当初，強固な反対に出会った理由と思われる．しかし，ダーウィ

ンは種形成について科学的に議論することに努めた.

特殊創造説という教義と種の不変性という仮説から離れるにあたり，最近亡くなった偉大な思想家スペンサー (Herbert Spencer, 1820～1903) によりこの2つの論理的基礎が完全に崩されたことを指摘しよう．1852年にスペンサーが「発生仮説」について論じている (Spencer, 1852)．この仮説は特殊創造説と種の不変性を否定し，進化説を支持する強力な確信に満ちたものである．しかし驚いたことに，この議論は対した効果を生み出さなかった．それは，進化の機構についてまったくふれていないことによるものと思われる．

リンネの第1の理念である，種は互いに異なっているという点について検討しよう．これはとりもなおさず，種の特徴は診断という方法により認識できるということに他ならない．診断という方法とその意味および限界については後ほど検討する．

種に関する種々の概念

ダーウィンが様々な種の概念を比較し博物学者たちが課題とどのように取り組んでいるか手短に書き記している．

「種について語るとき博物学者の心には実に様々な異なる考えがあることを知ると笑えてくる．あるものは類似性がすべてで，由来は無視だという．類似性は何の意味もないし，創造が君臨する考えだというものもいる．あるものは由来が鍵だという．あるものは不稔性が信頼できる検証で，他は何の価値もないという．意見の違いはすべて定義できないものを定義しようすることからくると思う」

分類学者の仕事について，進化を信じると仕事の性格がまったく変わるという考えに，ダーウィンは同意しなかった．ダーウィンは述べている．

「種が永久だということを信じなくなっても，仕事の上で大した違いを意識することはなかった．いくつかの例では名前を変更することもなかったし，いくつかの例では特異な変種とした．この種類が変化したのが今日なのかそれとも昨日だったのかという疑いが心に浮かんだとき，繰り返し私は自尊心を傷付けられ，あれこれと考え，

疑い，試したものだ．1組の種類をそれぞれが明確な種だと記載した後，その原稿を破り全体を1種とし，またそれを破り，それぞれが別々の種だとし，さらにまた再び1種としたこともある．私は歯ぎしりをし，種を呪い，このような仕打ちを受けるほど，どんな悪いことをしたのかと自問したものだ」

ここで一時，種という術語を忘れ，個々の動植物を色々なグループにまとめることを考えてみよう．

1. 他の種類から区別できる特徴を共有した種類．リンネの診断（diagnosis）という方法により定義されたグループを便宜的に共有診断形質保有者（Syndiagnostic）と呼ぶことにする．
2. 自由に互いに交配する種類．これを便宜的に共有交配（Syngamic）と呼ぶ．自然状態での自由交配を共有交配と呼ぶ．自由交配の停止とか欠如を非交配（Asyngamy）と呼ぶ．
3. 観察により共通の祖先から由来した事が示された種類．このようなグループを祖先共有子孫（Synepigonic）と呼ぶ．
4. 最後に，地理的分布について．地理的分布は種と亜種の変化と起原に関してもっとも重要である．ある地域に一緒にいる種類を同所的（Sympatric）と呼ぶ．種類が一緒に分布していることを同所性（Sympatry）と呼び，不連続に分布する種類を非同所性（Asympatry）と呼ぶ．

この主張が受け入れられるなら，「種とは交配共有者（Syngamic）で祖先を共有する子孫からなる個体の集団（Synepigonic）である」．種は客観的に実在するが，しかし，実際に確定するには困難が伴う．

「種とは何か」という議論

　診断法は1つの種を構成する個体の形質には切れ目がなく，連続したものであるという概念に基づいている．この理念には種とは交配と子孫の共有により結ばれた個体の集団であるというより基礎的な概念が横たわっている．

　膨大な数の例を調べると種を構成する個体は切れ目のない系ではなく，

いくつかの点で明確に切れ目のあるものであることが示される．古い分類学者はそれぞれの切れ目のところで新種を設けたが，現代の分類学者はそれを破棄した．それは，もっと基礎的な基準が確立され，強力な間接的証拠が推測されたからである．診断による検定が失敗に終わると，多くの例で示されたように，種とは自然条件のもとで自由に交配する共有子孫の集団であると主張されるようになった．

　共有交配と共有子孫は生殖という1つの現象の表裏をなすものである．自然界では異種の個体間で時々，交配することがあり，雑種の子孫が生まれることがあるが，これは私が「共有交配」と呼んだものではない．「共有交配」とは種を存続できる正常な子孫を生み出すことを示唆したものと定義され，共有子孫を示唆する．共有交配は共有子孫と比べると一般的に証拠を集めやすい．共有交配と共有子孫はともに個体の習性や発生様式の正確な観察による間接的な証拠に基づいて確立できる．もちろん，単為生殖と自家受精を行う種には共有交配の基準を当てはめることはできない．そのような場合は，共有子孫の基準に後退を余儀なくされる．分類学者たちがより基本的な検定を探し求め続ける限り，診断は単なる暫定的な基準にすぎないことを認めることは大いに意味のあることだ．

　これから真の種間障壁が不稔性ではなく非交配，すなわち，交配の休止であることを議論する．しかし，最初の出来事は遅かれ早かれ，付随する出来事として第2のものが続く．

　非交配による種の起原に関わる色々な原因について議論する．そのうちの1つである選択的な交配が，高等動物では種の維持と種形成にとり最重要であることがわかるだろう．これは，もちろん，選択性を引き出す本能が重要な役割を果たすと思われる．どのような自然選択の作用がより明白に，かつ効果的に働いて本能が最大の繁殖をうながすように導かれるのか想像することは難しい．共有交配集団外の個体と交配を引き起こすような本能の変異は将来の世代の数が少なくなる結果をもたらす．

　この講演の最後に検討するが，非共有交配の特別な型が意外な結果を生むことになる．異種間交配の多様な適応に関する一般に受け入れられ

ている解釈の有効性に疑問がでてきたのである．
　以上，述べてきた結論が今後確立されるなら，種の実在が信用されるようになる．

診断による種の定義

　ここでは，もっとも普通使われている種の概念，構造的な特徴の違い，すなわち診断に基づいた種の概念について少し詳しく検討しよう．

　ある1つの種とは，適度に恒常的で信頼できる事がわかっている特徴により他のすべてのものとは異なっている個体の集合を表すものである．

　種に関するこの定義は遷移に基づいている．個体の集合が分類学者によりある決められた特徴にしたがって一列に並べられ，とくに目立つ切れ目がない場合，この集合は1つの種と見なされる．この列の両端は大いに異なっているかもしれないし，他の種の列幅より広いかもしれない．しかし，緩やかに移行するので単一の種であることは明白である．遷移が完璧であれば何ら難しいことはない．しかし，遷移の種類は無限だ．切れ目の選び方には主観的な要素が明らかに大きく関わる．

種の検定法である診断法が適応できない事例

　もっとも明快でしかも簡潔な診断法という方法は種の根底にある共有交配と矛盾することもなく，しばしば強力に共有交配のあることをも示唆する．しかしながら，診断法を厳密に適用することができない場合がある．このような場合は，分類学者は共有交配や共有子孫が決定的だと訴える．このどちらかの存在を直接証明できない場合は間接的な証拠でとりあえず十分だと見なされる．これらのカテゴリーのうちで主なものは以下の通りである．

　a．二型と多型
　b．季節的多型
　c．個体変形：淡水化が進み変化した軟体類の例
　d．地理的品種や亜種
　e．人為選択の結果

診断に基づく結論を暫定的と認めることが有利である

　ジョーダン（Karl Jordan）が述べているように，形態の違いから導きだした種の特性には生物学的な裏付けが必要である．この姿勢の利点は明らかである．分類学者は共有交配と共有子孫の証拠を多角的に追い求め続けるだろう．

種の判別法としての種間不稔性

　多くの人が種の基準で完全無欠だと考えている種間交配の不稔性という見解の検討に移ろう．ハクスリーはこれをあまりにも重視したので，生涯にわたり自然選択説を全面的に支持することができなかった（Huxley, 1893）．彼は種間交配が不稔であることの重要性をダーウィンと長く続いた手紙のやり取りの中で繰り返し述べている．彼は自然の中で種は不稔性の障壁で他の種から厳格に隔離されていると考えた．自然選択が種を生み出すことを証明するためには人為的に選択された品種の間にも同様の不稔性を作り出す必要があると主張した．これを実現するまでは自然選択説を全面的に受け入れることができないという．彼は死の直前までこの異議申し立てを取り下げなかった．一例を挙げると，

　　「馬とロバの雑種個体は不稔である．伝書鳩とタンブラーバト（飼育品種）が馬とロバ（野生種）と同等な生理学的種であるなら，彼らの間に生まれた子どもは不稔か半不稔でなければならない．これまでの実験ではそのようにならず，完全に稔性がある．その稔性は伝書鳩同士やタンブラーバト同士のものと変わらない．ダーウィンの『種の起原』を最初にタイムズ紙とウエストミンスター紙で紹介して以来，今に至るまでこの点がダーウィン説の弱点であることは明白だ．ダーウィンは選択的繁殖が形態学的種の真の原因であることを示すことはできたが，それが生理学的種の真の原因であることを示すことがまだできていない．しかし，注意深く考え抜かれた実験を行えば選択により生理学的種を生み出すことに何の疑いも持たない．快挙がまだ実現していないだけだ」

とハクスリーはダーウィンの死後もいい続けた．

ダーウィンが確信を持って反対したのが，ハクスリーが1863年に労働者のための講演で述べたまさにこれと同じ見解である．ハクスリーといくども対峙した時に持ち出した事実は，人為選択による植物品種間でも不稔が起こるというものである．

ダーウィンはハクスリー宛の手紙の中で述べている．

> 「モウズイカ（*Verbascum*）とトウモロコシで何百回も実験を行い（不稔性の例を）示したとゲルトナー（Karl Friedrich von Gärtner）がいっているのは彼が嘘をついているというのか．ケールロイター（Joseph Gottlieb Kölreuter）がタバコの品種について語っているのも嘘だというのか？　家畜について私は次のような結論に達した．2，3いやもっと多くの種が交配したいくつかの例があり，それが今でもお互いに稔性を備えている．したがって，育成動植物の場合には何かがあるに違いない．多分，それは不安定な状態にあるということだろう．まさにそれが大きな変異性を引き出す原因なのだ．それが交配した際に種の自然不稔性を取り除く．もしそうであるのなら，不稔性が育成品種間で起こることがいかにあり得ないことか理解できる．これから私は口を閉じることにする」

ダーウィンは人為選択により生理学的種を作ることを試みた．友だちに頼んだりもした．しかし，実験は失敗した．ダーウィンはウォレス（Alfred Russel Wallace）と議論した際に，

> 「自然が選択により種がお互いに不稔であるように作らなかったとしたら，人為選択による実験は自然選択で行われてこなかったことを試していたことになる」

と述べているのは正しい．

種間の不稔性は自由交配の停止による偶然の結果

相互不稔性は自然の種間では当たり前であるが，それは長い間交配が停止し，隔離されている間に偶然もたらされたものだと理解することは決して難しいことではない．交配している個体の集団が生物全体を構成

している．その内部では，選択により高度なレベルで繁殖の相互適合性が維持されている．不稔となった個体はこの集団から取り除かれる．交配集団内で一部のグループが何らかの理由で，その他のグループと交配を停止するやいなや，繁殖の相互適合性を維持する根拠がなくなる．それぞれのグループ内部では選択が働き，繁殖の相互適合性が以前と変わらず高度に維持される．しかし，新たに分かれた2つのグループ間の繁殖適合性は過去の選択の遺産となり，次第に小さくなりそのうち繁殖に適さなくなるだろう．相互稔性は絶え間ない選択の結果で，相互不稔性は交配が長い間停止した必然的な結果だとしたら，ハクスリーの難題が解消することは明らかだ．

かつて私はハクスリーを批判した．私たちは自然の種形成のすべての特性を人為選択によりまだ再現できていない．ようやく自然の品種形成を真似ることができるようになったばかりである．私たちは成功できない理由を理解できるし，自然選択に対する全面的な確信を放棄するのではなく，進化に向けて守り抜く覚悟を取らざるを得ない．私たちの歴史的な記録は1つの種が別の種に変化する過程を記録するには余りにも短すぎるからである．

ダーウィンがハクスリーに宛てた手紙に書いている．

「私たちの意見は大きく食い違い，議論しても無駄だ．あなたが期待しているように最近形成された変種が不稔性を獲得できるとは思われない．それは私にとっては，博物学者たちが1つの種が別の種に変化することは，その過程の一部始終を見るまでは信用できないと宣言しているのと同じだ」

種分化の移行期には共有交配が下地にある．本当の種間障壁は不稔性ではなくて交配停止である．交配停止はすでに議論したとおり，間違いなく不稔性へと導く．結末までには長くかかるが，これはダーウィンの考えで，ロマネス（George John Romanes）の不稔性が自発的に起こるという生理学的選択のまったく逆である．交配停止が原因でなく，結果である．

異所性の結果としての交配停止

　交配停止は色々な方法で起こる．もっとも明らかなものは，地理的分離である．しかし，交配停止は地理的不連続性とか非同所性の必然的な結果ではない．ダーウィンは，マデイラ島と大陸に分かれて分布する同種の鳥たちはつねに互いに交配していると考えている．

機械的不適合の結果としての交配停止

　持続する交配停止の興味深く奇妙な原因はジョーダン（Karl Jordan）が説明した機械的選択である．鱗翅目の複雑な生殖器の構造は共有交配中では選択により一定に保たれている．グループの一部のものが比較的短い期間隔離されると，他の地域で優勢な特殊なタイプのものに変化し，何かの原因で再び元のグループのものと同所的になっても交配が機械的に妨げられるようになる．

優先的な交配の結果による交配停止

　変種が優先的な交配をする傾向がある場合，それが交配停止の起原となる．トゥリメン（Roland Trimen）はいう，同じ品種の個体同士が交配する傾向がある（Trimen, 1874）．

　その他，共有交配の連鎖が途絶えた結果としての交配停止，種間受精のための適応の結果としての交配停止，自家受精の有害な効果は他家受精のための適応の結果であって原因ではない？　と多岐にわたり議論している．

　ダーウィンは進化の歴史を枝分かれした1本の大樹の形にたとえて見事に示した．ダーウィンは種を緑の芽吹いている小枝にたとえた．小枝についている葉を個体に，交配の様子を風が吹くと葉が互いにふれ合うようすにたとえたと推測してもよいだろう．葉の塊が大きかったり，小さかったり，雑だったり，蜜だったりと状況に応じて，葉っぱがふれ合うようすは変化に富む．したがって，共有交配は大きさと分布の異なる集団を結び付ける．時には嵐が吹き荒れ葉っぱの塊が吹き飛ばされると，今まで1つだった共有交配の鎖が，中間の鎖が消え2つの種に分裂する

絵を描いてくれる.

ポールトンは

「種とは祖先を共有する交配集団であり，形態的類似はその結果である」

と結論している．生物学的種の概念の誕生である（Poulton, 1908, 1938）.

マイヤーによる種の議論

マイヤー（Ernst Walter Mayr, 1904〜2005）は種を次のように定義した（Mayr, 1940）.

「種とは何か？」という問題に分類学者たちはこれまでずっと悩まされ続けてきた．分類技術が洗練されるにつれ，さらに進化理論の出現により，益々混乱が大きくなってきた．その原因は分類学者たちが掲げる種の概念が異なることにある．

リンネにとって種とは形態により定義できる単位だった．その結果，多くの例で雄と雌，若者と大人を別種として記載している．それは，それぞれが明確に区別できる形態的特徴を備えているからである．リンネの分類体系は自然を階層的にとらえるものだった．『自然の体系』（Linnaeus, 1758）では自然をまず動物と植物，鉱物の3界に分けた．動物界（Regnum）はさらに，綱（Classis），目（Ordines），属（Generum），種（Species），亜種（Varietas）に分けられた．リンネは種をもっとも低いレベルの分類単位と見なした．今では種といえば，いくつかの亜種から成り立っているのが普通となっている．しかし，種がもっとも低いレベルの単位であると主張する分類学者もいる．基本的な分類の単位を種とすることにより混乱を避けることができる．種をさらに細分すると，時間的・空間的に持続できる単位を自然界に見つけることはできない．

ゴールドシュミットとエマーソンの指摘

ゴールドシュミット（(Richard Goldschmidt；Goldschmidt, 1937)

の指摘とは，連続した一連の集団内の有効な繁殖集団と地理的障害により完全に隔離された亜種との間にはあらゆる段階の差異が存在する．

エマーソン（(Alfred E Emerson；Emerson, 1938）の定義とは，
「種とは遺伝的に特異で生殖的に隔離された自然集団である」

そもそも，これまで遺伝的に分析されたあらゆる自然集団は遺伝的に特異であることが判明している．その上，すべての個体は，1卵生双生児でない限り，種内の他個体から遺伝的に区別できる．これは，対立遺伝子の組み合わせがほとんど無限にあることによる．したがって，遺伝的特異性は種の定義としてまったく役に立たない．さらに難しくしているのは，生殖的隔離という問題である．これはほとんどの場合，実証不能である．熱帯地域では，鳥たちは移動しないのが普通である．1つの種に属する2つの集団が2つの山頂あるいは島に分かれて分布していたとすると，2つの集団は疑いなく生殖的に隔離されていることになる．その後，気候変動などにより2つの集団が再び一緒になるとすると，問題なく自由に交雑が起こるだろう．人工交配実験により，この問題を解決することができないだろう．それは，自然条件下では起こらない近縁種間の交配が飼育下では見られるからである．

ティモフェーエフ・レソフスキーの見解

ティモフェーエフ・レソフスキー（Nikolay W. Timofeeff-Ressovsky, 1940）は，ほとんどの問題を解決したが，最後の課題だけは残している．実在する分類に関わる集団で，分類学的な価値のあるものは，2つの方法で特徴づけられる必要がある．それは個体の集団で，

（1）いくつかの遺伝形質を共有すること．
（2）集団として，進化過程の中で歴史的実体を持っていること．

実在する分類学的集団のもっとも明解な定義は次のようなものである：いくつかの遺伝形質と分布域を共有する個体の集まりである．

私は，自然の分類学的単位として種の実在を疑う根拠がないことを信じている．種は個体の集まりで，形態と生理が類似し（亜種など複数の

集団から成り立つが）同じ地域や隣り合った地域に分布する他種の個体とはほとんど完全に生物学的に隔離されている．生物学的隔離とは自然状態で通常の交配が不可能か起こらないと理解されている．

この定義よれば，地理的に隔離されたほとんどの集団は種とされる．

ドブジャンスキーによる種の定義

ドブジャンスキー（Dobzhansky, 1937b）による定義は，
「進化過程の中で，かつて実際に交配していたか，交配可能な集団が2つ以上の集団に分かれ生理学的に交配不能な段階に達したもの」
しかし，この定義は「種の集団とは」の定義であり，種の定義ではない．マイヤーはエマーソン（Emerson, 1938）の反論（関連した種間で稔性のある子孫の生産）には賛成できない．現代の鳥類学者は隣り合って分布する2つの種が接触地帯で自由に交配する場合，この2つの種を同種と見なさない．

マイヤーがドブジャンスキーの定義に反対するのは，実際上重要で困難な問題を置き去りにしている点にある．たとえば，地理的に連続分布したいくつかの集団からなる1つの種が1つながりの輪（ring species）を形成しているとしよう．隣り合う集団とは生理学的隔離機構が働いていないが，最終的につながる両端の集団は一緒になっても完全に不稔である．第2は，2つの集団が生理学的に交配不可能であることをどのようにしたら実際に確かめることができるのだろうか？　現在，100万種以上の動物が地球上に存在するだろう．これまで実際に交配が試みられたのはそのうち0.1％以下にすぎないだろう．残り99.9％の交配実験の結果を待たなければこれらの種を確立することができないのだろうか？

これまでどのような種の定義の基準が用いられてきたのか

形態学的形質：構造や，比率，色彩のパターンなどといった記載的形

質が種の定義として伝統的に用いられてきた．したがって，現代の種の定義として，

　「種は類似した形態的特徴を備えた個体の集まりから成り立っている」

と述べることは自然である……．しかしながら，形態的形質は種の定義に決定的な価値を持たない．同一種の雄と雌との間にはしばしば形態的な差が認められる．地理的変異がしばしば見られるし，申し分のない種がしばしば非常によく似ている．また，亜種と種の形質の間には差を認めることができないからである．

　遺伝的特異性：遺伝学のはじまった頃は，種の違いとして遺伝的特異性が強調されていた．今ではすべての亜種だけでなく，亜種内の集団も遺伝的に異なっていることが知られている．事実，すべての個体は遺伝的に異なっている．遺伝的特異性は必要条件であり，種の定義には役に立たない．

　雑種の欠如：この基準は有効性が限られている．隣り合った2集団の間で交雑が不可能なら，この2集団は疑いもなく別々の種である．逆の条件はしかしながら，絶対的必須条件ではない．動物では多くの種間で人工的に雑種を作ることが可能であるが，自然条件下では決して交配しない．

　有効な種の定義はこの3つの基準のうちのいずれか1つに重きを置いてはならない．最近ではライト（Sewall Wright）の提出した定義は欠陥がもっとも少ないと思われる．それによると，

　「種とは複数集団の集まりで，集団が出合うと十分に交配し中間的な集団を形成するが，出会わなければ，ほとんど交配は見られない（Wright, 1940）．

マイヤーによる種の定義

　種は複数の集団からなり，それぞれの集団は地理的に生態的に置き換わりながら分布している．隣り合うものが出会えば次第に混じり合い，

交配する．また集団が地理的な障害や，生態的な障害により隔離されている場合には交配可能性を保っている……．

> 「分類学者として私は実用的な定義に興味を持っている．ドブジャンスキーの定義は分類の仕事には役立たない．分布が途切れている多くの場合，交配が可能かどうか，種か亜種かは，個々の分類学者の判断にゆだねる他はない」(Mayr, 1940)．

その後，以下の文章が付け加えられた．以来，これが生物学的種の概念とされた．

> 「種とは実際に交配しているか，それともその能力を持った自然集団のグループで，そのような他のグループからは生殖的に隔離されている」(Mayr, 1942)．

シムプソン[*]による種の議論 (Simpson, 1961)

リンネの階層

ここで階層と階層的な分類を厳密に取り扱うために2, 3の特別な用語と概念が必要になる．まず，実際に分類されるのは何か？　この点はあまりにも本質的で，しばしば誤解されてきたので，その答えは分類学に関しては何にもまして基本的なものである．それは自然の中に実在する単位である．その代表的なものは個体である．しかしながら，1個の個体はこれまで決して分類されなかったし，分類することは不可能である．分類は複数の集団を必要とする．分類できない実在物は，それは1個の個体である．ある1つの個体はある集団に含められるだろう．この行為はしばしば個体を分類すると呼ばれるが間違いである．この過程はその個体がどのグループに所属するのかということで，（個体の分類ではなく，これは同定するということである），分類と一緒にするわけにはいかない……．分類の対象は常に集団であり，互いに類縁関係で結ばれた生物集団であると広い意味で定義される．

---

[*] George Gaylord Simpson

定義とその定義を満たす証拠の違い：一卵性双生児の例

　一卵性双生児とは，1個の受精卵から発生した双子である．ヒトの場合，誰もその過程を観察したわけではないが，それを推測するに十分な類似性の証拠により私たちはこの定義が満たされたと認める．問題となる2人が似ているから双子だというわけではなく，まったくその逆で，双子だからその2人は似ているのである．まさに同じように，個体が似ているから同じ分類群に属するのではなく，同じ分類群に属しているから個体が似ているのである．リンネはかつて属が形質を決めるのであって，形質が属を決めるのでないと述べたのはまったく正しい（Linnaeus, 1751）．

　分類されるのは生物であって，生物の持つ個々の形質ではない．分類は生物全体にわたるあらゆる特徴に基づいて考慮されなければならない……．分類の対象は個体の一生にわたるすべての特徴である．

　分類学は1つの科学だが，それを応用した分類は人類の知恵と工夫が込められたもので，まさに技術だ．分類には個人の好みが入り込む余地があり弱点もあるが，規準があり分類を意味のあるものに改善することができる．

　分類の基礎が進化的であることはすでに議論の余地のないところだ．これは，分類は分類されるグループの系統発生に関し解明されたことすべてと整合性がなければならないということだ．また，分類が系統発生を表現できるとか表現すべきだとかいうことが間違っているということだ．適切な基本と整合性を保っている限り，分類を変えてはならない．新しい情報により役に立たなくなったとか，整合性がなくなったことが明白にならない限り分類を変えてはならない．

分類学者が実際に行う仕事

1. まず分類の対象となる生物を決める．対象とした生物を野外で捕まえて研究し生きたまま放したりするが，たいていは博物館標本として採集する．研究者自身により採集するのが望ましいが必須ではない．

2．対象となる生物を観察し，データを集める．また，その生物に関する文献をできる限り多く集め整理する．
3．対象生物を地域集団とか亜種，種などの分類群に分ける．そして，多型などを含む変異のすべてを分析する．
4．分類群に分けたものを類似性，相違性，一連の変異などについて種類と程度に注目しながら，比較を行う．
5．相同，平行進化，収斂，原始的，特殊化などの概念を用いた比較により類縁関係を明らかにする．
6．研究した集団間に認められる進化の型に基づいて進化過程の最終的な解釈を行う．
7．類縁や分化などに関する結論は階層的に表現され，色々な分類階級を用いてまとめたり，分けられたりする．
8．規則と慣行にしたがい適用できる分類群が見つかれば，先行研究による名称を選び，見つからなければ新しい名称を作る．

役に立つ技術としての分類

　他の多くの科学と同じように分類学は科学と技術（art）が組み合わさったものだ．その科学的な面は，科学が進むにつれ自然の仕組みを次第に明らかにできるという信念に関わっている．ある辞書の定義によると技術（art）とは人間の知恵や工夫の塊だ．自然に対する人工でもある．分類学が分類を作り上げるために応用される時，分類学はまさにその意味で技術である．それぞれの分類群に名前を付けることを命名するという．命名は完全に人為的で，科学ではない．命名は人工物で，たとえ自然界に存在する事物に対する科学的解釈に用いられたにしても，自然界の何かに対応しているわけではない．分類群を階層的に配置することは科学的な内容を持つが人工的なものが混ざり込み，知恵と工夫が必要とされる．ある1つのグループの動物で相互関係が完全に解明され，適用される科学的原則についても合意があったとしても，相互関係と整合性を保ち科学的原則の基に有効な無数に異なる分類を行うことができる．これらの選択肢の中からどれを選ぶかはまったく技術といわざるを

得ない．

　分類学的技術の基本原則は結果が役に立つということだ．分類では3つの副次的な原則を守らなければならない．
 1．分類は生物間に認められる生物学的に重要な諸関係に基づくものでなければならないし，できる限り多くのものを取り込む必要がある．
 2．分類はその基礎として用いた諸関係と整合性があること．
 3．分類は上に挙げた2つの原則と矛盾しない場合，できる限り安定させなければならない．

最新の情報に基づいて分類を改定するのか，それとも従来の分類を安定して使うのか，両者の間に妥協点を見つける必要がある．次に示す妥協がもっとも妥当なものだろう．

　現行の分類は既知の事実と承認された原則にまったく整合しなくなったら変更されなければならないが，その変更は整合性を保つために必要な範囲内に限られる．

　この規則では整合性の概念が重要だが，ここではまだ定義しない．この概念は複雑で，長い議論が必要だからである．進化分類の目的は系統発生を表現することにあるとよくいわれてきた．しかしながら，これまでに考え出されたどの分類をとって見ても，リンネの階層的分類ももちろんのこと，系統発生を完全に曖昧さなしに表現できるものではないことは事実である．ダーウィン（1859）は系統発生図にふれながら次のように述べている．

　　「枝分かれした図を使わずに，グループの名前を1本の線の上にただ並べるだけで（これが階層的分類である），自然分類を提出することはできない．さらに，自然界で1つのグループ内で生物の間に認められる類縁性を平面上に1本の線で再現することが不可能なことは明らかである」

進化分類学者はダーウィンが明らかにしたことをつねに肝に銘じているが，時として分類が系統発生に基づいているとか系統発生を部分的に反映しているという意味で，分類が系統発生を体現しているということ

がある．進化分類を批判する人たちにとり，それが系統発生の不適切な表現になることを避けられないと指摘することはいとも簡単なことである．しかし，その原因が，そもそも批判する前提が間違っているので，その批判はあたかも幽霊を相手にしているようなものである．

進化学的分類は系統発生に基づいているという声明も誤解を招きやすい．そのような分類は由来の道だけをたどり，よく目にする系統樹に描かれる枝分かれにしたがっていると解釈されている．これはまったく正しいとはいえない．進化学的分類は主として系統発生の情報に基づいているが，それを1つの系統樹にまとめ上げるのは実際には不可能だ．その上，曖昧なものを分割しなければならない場合もある．分類が基本的には系統発生の基礎の上にあることを揺るがすものではないにせよ，これらの事実は系統発生という言葉を曖昧にするので，問題にしている分類の種類について，私は系統発生的より進化的と名付けるほうを選ぶ．

進化的分類が系統発生を表現しているとか，ましてやその基礎の上あるものと考えずに，進化的分類は系統発生と整合性を保っているものと見なすほうがよい．

時間的に連続したひとつながりのものを適当に区切る必要性が出てくる．それは分類学の理論上でも，分類を実践する上でも興味あるところだ．種や属の祖先と子孫が連続してつながった配列が知られているが，それをどうにか分割し分類群に仕分けする必要が出てくる．新発見により今までのギャップが埋められてくる．たとえば，爬虫類から哺乳類への移行が化石により次第に明らかになってきているが，両者の境界線をどこに引くのかが次第に問題になってきている．これは分類学の科学としての理論的なものというより，分類の技術的な好みとか工夫の問題である．

分類を行う際に，任意か任意でない分類という2つのうちどちらを選ぶかといえば，任意でない分類を選ぶ．しかし，種を除く分類群で，まったく任意でない分類を求めることは実際には不可能だ．種についてもしばしば不可能だ．

単系統と多系統

　単系統は進化的起原が1つの祖先であると定義され，多系統はそれが2つ以上の祖先であると定義される．

　単系統とは1つの分類群の由来を意味し，1つ以上の系列（祖先－子孫集団の時間的継承）を経過して，同等か低いランクの直前の1つの祖先分類群に由来する．

段階群と分岐群

　単系統群に関する議論．遺伝的起原を共通する動物群の中で，ある動物群が体制の全体的なレベルが異なっている問題について注意を向けてみよう．ハクスリー（1958）がこの問題を明快で有益な方法で議論し，前者のグループを段階群，後者を分岐群と呼ぶことを提案している．

系統樹に表現された垂直的な関係と水平的な関係

　1人の男がいるとしよう．この男ともっとも近縁なのは父親か息子かそれとも兄弟か？　父親や息子との間の遺伝的類似度は一定である（共有する染色体の割合は0.5）．兄弟との間の遺伝的類似度は1.0から0まで変化するが，平均値は父親や息子との関係と同じ値となる．父親や息子とは垂直関係で，兄弟間は水平関係である．

　大きな系統樹を対象にすると，垂直関係だけでも，水平関係だけでもそれだけでは分類はまったく不可能であることがたちどころにわかる．系統発生を分類群に翻訳する際にはどうしてもどこかで妥協せざるを得なくなる．ある部分は水平分類となり，ある部分は垂直分類となる．

　私の考えでは，垂直分類と水平分類のどちらを選ぶのかという適当な直接的な基準はない．安定性の基準は水平分類に味方する．というのは，水平分類は一般的に認めやすいし，しばしば先取権があり，しかも化石などの新発見により左右され難い．

　種を系統発生の断片として時間軸の中でとらえると，切れ目のない連続した種を分割し分岐した系列の処理という新たな問題が持ち上がってくる．必要とされる手続きは恣意的にならざるを得ないし，その分類に

は種々の方法が提案され，いくつかの現実的な基準を採用することになる．

種をめぐる３つの問題
1. 種レベルをめぐるカテゴリーの成員を絶対的な基準でグループ分けすることが必ずしもできるわけではない．
2. 種として認められるグループは集団の構造と起原の様相がそれぞれ異なるので，すべての事例を同じ進化的基準で適切に定義できない．
3. 同時代の動物群を細分するのに用いる概念をそのまま系統発生を時間軸にそって細分する際に用いることは普遍的でしかも避けられないと見なされているが，しかし，そのようにして得られた分類群は性質が異なるので同一の概念を両方に適用することは少なくとも困難である．

現在，種の定義の中でもっとも広く受け入れられているのはマイヤー（1940，1942）によるものだ．それによると，種とは実際に，または可能性を含め交配している自然集団のグループで，そのような他のグループ（異種）からは生殖的に隔離されているものである．

種とは自然集団の集まりで，種内では可能性を含め交配しているが，異種の集団とは生殖的に隔離されている．

しばしばこの定義は生物学的種の概念とか定義と呼ばれているが，これは厳密には同時代に生きている有性生殖を行う生物に関する遺伝学的種の概念である．しかし，この概念には制約と難点があることをマイヤー自身も承知している．第１に，原理として，時間的に継続している種や有性生殖を行わない種には適用できない．

進化的種の定義
遺伝学的種の定義は進化と整合性があるので，いくつかの進化的要素（たとえば無性生殖生物は対象とならない）を欠くからといって無効に

なるわけではない．しかし，遺伝学的種を産み出す進化過程と関連したもっと幅広い理論的な定義もまた望まれる（Simpson, 1951）．そこで私はそのような定義を提案したい．

1つの進化的種は1つの系列（祖先-子孫関係でつながる集団）で，それ自身を単位とした進化的な役割と独自の傾向を持ち，他の系列から独立して進化する．

進化的種は単独の役割を持った1つの分離した系列と定義される．系列の連鎖を過去へとたどって行くと，どこまで行ってもこの定義を適用できるところが見つからない．定義の他の基準を持ち込まなければ，切れ目のない，分離した単独の系列から離れることができない．化石の記録が完璧であるなら，ヒトから出発して原生動物に遡ってもまだ *Homo sapiens* の種のままだ．このような分類は役に立たないし，原理的に間違っていることは明らかだ．分類の目的のために系列をいくつかの断片に区切る必要があることは確かで，これは任意に行われることになる．その際の基準は，現生種に認められる形態的な違いと同じくらいの違いが認められるということである．

命名法について

現在もなお採用されているリンネ式命名法では属名が種名の一部となっているので，属の指定なしに種に名前を付けることができない．属名は固有の単数名詞で，一方，種小名には名詞とは限らず形容詞も用いられる．

種名を単名式にすると種名の数が多くなりすぎ，異物同名の問題が起こるだけでなく，記憶するのが不可能となる．それだけにとどまらず，分類には改定がさけられないが，そのたびにまったく新しい種名となる．分類は安定であることが欠かせない．これら問題を考慮すると種名に単名法を採用するのは非現実的である．

実際の系統発生を作り上げている4つのもっとも基本的な進化の事象

1．前進あるいは系統（すなわち系列）進化：ハクスリー（1957）の

いう向上進化を含んでいるが同義語ではない．体制のレベルが向上する．
2．分岐あるいは多様化：ハクスリーのいう分岐進化．いくつかの系列に分岐し多様化をもたらす．
3．平衡，持続あるいは停止進化：ハクスリーのいう静止進化．変化なしに生き続ける．
4．絶滅

まとめ

ポールトン（1908）は生物学的種の定義を試みている．種の定義を試みようとするとリンネを抜きには議論するわけにはいかない．リンネは，種は形態が多様であるが，それぞれが持つ特徴により互いに区別される，そして，このような種の違いは神により種がそれぞれ個別に創造された時から固定され，永久に不変である（特殊創造説）と定義した．

しかし，神が種を創造したとする特殊創造説は，科学の領域に入り込む余地のない宗教的教義である．リンネが採用した種の定義は診断法によるものである．診断法は1つの種を構成する個体の形質には切れ目がなく，連続したものであるという概念に基づいている．この理念には種とは交配と子孫の共有により結ばれた個体の集団であるというより基礎的な概念が横たわっている．膨大な数の例を調べると種を構成する個体は切れ目のない系ではなく，いくつかの点で明確に切れ目のあるものであることが示される．

たとえば，性的2型など．古い分類学者はそれぞれの切れ目のところで新種を設けたが，現代の分類学者はそれを破棄した．それは，もっと基礎的な基準が確立され，強力な間接的証拠が推測されたからである．診断による検定が失敗に終わると，多くの例で示されたように，種とは自然条件のもとで自由に交配し，子孫を共有する集団であると主張されるようになり，診断法は暫定的な基準にすぎないと考えられるようになった．

ポールトンは生物学的種の定義をさらに推し進め，種間障壁が不稔性ではなく非交配，すなわち，交配の休止であると主張する．種間の不稔性は自由交配の停止による偶然の結果であるという．
　ポールトンは，
　　「種とは祖先を共有する交配集団であり，形態的類似はその結果である」
と結論している．生物学的種の概念の誕生である．
　マイヤーは，
　　「種とは実際に交配しているか，それともその能力を持った自然集団のグループで，そのような他のグループからは生殖的に隔離されている」
と定義している．(Mayr, 1942) この定義はポールトンの定義を受け継いだものといえよう．しかし，生殖的隔離を種の特徴としたことは，ダーウィン−ポールトンの流れから大きくはずれることになった．
　シンプソンはマイヤーの種の定義は遺伝学的な種の定義だとして，もっと幅広い種の定義が必要だとして，新たに進化的種の定義を提出した．それは，
　　「1つの進化的種は1つの系列（祖先−子孫関係でつながる集団）で，それ自身を単位とした進化的な役割と独自の傾向を持ち，他の系列から独立して進化する」
という．進化的種は単独の役割を持った1つの分離した系列と定義される．しかし，系列の連鎖を過去へとたどって行くと，どこまで行ってもこの定義を適用できるところが見つからない．切れ目が見つからないからである．他の基準を持ち込まなければ，切れ目のない，分離した単独の系列から離れることができない．化石の記録が完璧であるなら，ヒトから出発して原生動物にまで遡ってもまだ *Homo sapiens* の種のままだ．このような分類は役に立たないし，原理的に間違っていることは明らかだ．分類の目的のために系列をいくつかの断片に区切る必要があることは確かで，これは任意に行われることになる．その際の基準は，現生種に認められる形態的な違いと同じくらいの違いが認められるということ

である(Simpson, 1942).

> ## レマネ(Adolf Remane)の相同の形態的基準
>
> 形態から相同性を推測するための3つの基準(Remane, 1952). この基準を満たすことができれば,対象となる形態が相同だとされる.
> 1. 位置の基準:比較する同等な形態複合体の中で同じ位置にある場合は相同であることが明らかになる.
> 2. 固有な類似性の基準:多くの個別な特徴が一致する場合,位置を考慮することなしに,似た形態を相同と見なすことができる.比較する形態の複雑さと一致の程度が増すにつれ確実性が増大する.
> 3. 中間形による連続性の基準:たとえ構造と位置が異なる形態でも,1と2の条件が満たされる移行形を示すことができれば,相同であるといえる.中間形は個体発生過程や系統発生過程に現れる.

第9章

種概念の乱立：

分岐分類学の出現
分岐分類学批判

分岐分類学の出現

　分類学でもっとも基本になるのが種である．その種の定義の数が少なくとも22も出されているという（Mayden, 1997）．また，最近目立つのが種の数が急激に増えていることである．これらは分岐分類学の出現が大きく影響している．

　分岐分類学の手法により，分類が大幅に書き換えられる例が目につくようになってきた．種とは，

　　「生物個体のもっとも小さな識別できる集団で，その集団内の個体
　　は祖先と子孫という関係でつながっている」

と定義される．何がしかの特徴があれば新しい種として報告されるようになった（Cracraft, 1983）．生物はもっぱら共通祖先の近さだけを基準にして分類される．分類群に含まれる種の構成は派生形質を共有することにより確認される．グループ分けと階層的な位置づけは種分化の分岐点により決定される（Hennig, 1966）．このようにして，ヘニッヒによりはじめられた分類学は果たして情報の蓄積と活用を図ることができる体系を作ることができるのだろうか．ヘニッヒは提唱した分類学を「系統分類学」と名付けた．しかし，彼のいう系統発生は種が分岐することだけを問題にしているので「分岐分類学」というほうが正確だという（Mayr, 1974）．系統発生には種の分岐だけでなく，向上進化と呼ばれるものがあることも忘れてはならない（Huxley, 1957）．

分岐分類学批判

　生物分類の方法を総点検し，最近の急進的な提案を批判する論評が出た（Benton, 2000）．それによると，系統発生に基づく命名法の提案は分岐的系統発生をそのまま分類に翻訳するというものであり，分類群の名称を分岐群の観点から定義しようというものである．この方法は生物学者にいくつかの根本的な変更をもたらす．分類群の名称は当面適当と思われる特定の分岐図に厳格に基づかなければならない．これまでな

れ親しんできた名称は見たこともない名称に書き換えられてしまう．リンネ階級の名称（門，目，科など）は廃棄され，リンネ式2名法（たとえばヒト *Homo sapiens* など）も廃棄される．系統発生的命名法の見解は声高に主張する理論家たちの間で強い支持を受け，分岐群の名称と定義は厳格な原理に基づいた規約の規制を受ける．その原理の概要は PhyloCode に示されている（Cantino & de Queiroz, 2010）．その結果，大混乱を引き起こし収拾がつかなくなる．実際には，系統発生的命名法は悲惨なもので，混乱と不安定さをもたらすだけで放棄すべきである．系統発生は実在するものであり，一方，分類は実用的なものである．この両者の違いをまったく誤解しているからである．新しい提案によると，分類を系統発生と同一と見なすので，系統発生命名法の提唱者たちは最終的に分類そのものを投げ出すことになるだろう．

　生物の系統発生は事実である．現生生物と絶滅した生物のすべてのものを結ぶ1本の系統樹が存在する．類縁関係は比較する1対の生物が最後に共有した共通祖先から経過した相対的時間により測ることができる．系統発生を発見するための鍵となる方法は形態形質の分岐分析と分子形質の表現型，分岐とか最尤法による分析である．系統発生は自然選択による進化の事実を反映していると思われる．分岐点は実際に種分化が起こった事実の結果で，分岐群は共通祖先に基づいている．しかし，系統樹の姿を見たり，祖先にふれたりした人はこれまで皆無である．分岐分析は生物の間に認められる相対的な類縁関係の仮説的な知識を得るための方法であり，その知識はつねに，吟味と変更と改良の対象である．

　そこで生物の分類はすべて人が作り上げたものにならざるを得なくなる．自然界に固有の唯一の正しい分類などというものはない．ここで私は分類という単語を2つの意味で用いる．第1は分類とは種とか上位の分類群の規則づけられた一覧表という意味である．第2は分類とはそのような一覧表を作る過程を書きとめる方法である．

　生物分類はすべて人が作り上げたものである．自然界に固有の唯一で正しい未発見の分類などというものはない．

　分類するという衝動は根強い人類の特性の1つである．自然には色々

な種類の現象がある．あるものは不連続的（離散的）で，またあるものは連続的である．分類はこのような違いを考慮しなければならない．たとえば，原子は実在し，不連続で時間を超越している．一方その反対の極にあるのが地質年代である．地質年代は連続した現象で，どのように分類するのかという指針はない．代とか，紀，世などの区分はまったく任意である．しかし，地質年代区分は国際的に厳格に取り決められた定義があり，その趣旨はもっとも実用性を高めることにある．

　生物分類は原子と地質年代の間に位置づけられるだろう．ほとんどの生物研究者は，種が実在することを受け入れている．萌芽的な種とか，雑種，同胞種などといった厄介な問題があることも承知している．

　種の実在性は原子の場合とは色々な点で異なる．とくに，種は由来という歴史的な線で結び付いているという事実があるし，その存在は時間的に有限である．これらを考慮すると，余りに厳格な命名規約とか定義で縛ることは適当ではないことを示している．定義を基にして種や分岐群を1つの境界線で区切り，あたかも固定した基本的な存在と見なすわけにはいかない．

　生物分類には2つの機能がある．実用的（普遍的な参照体系）であり，しかも一般的（比較進化生物学では階層構造が重要）であることである．分類が安定していることが不可欠である．分類は情報を蓄積し，有効に活用できるものでなければならない（Benton, 2000）．

第10章

分類学の課題：

普遍的種概念を求めて

普遍的な種概念を求めて

マイヤーが提出した種の定義（Mayr, 1942）は広く受け入れられたが，その一方で議論を引き起こし，多くの代案が出され，その数は20を超える（Mayden, 1997）．

大切なことは，現在出されている色々な種の概念は，それぞれが異なる生物学的特性に基づいているということだ．たとえば，生物学的種の概念は生殖的隔離の特性を強調し，生態学的種の概念は明確な生態的地位や適応帯を強調し，系統発生的種の概念は診断できることや単系統であることを強調する．その結果，多くの種概念は互いに矛盾し，種の分類群の認識も異なってしまった．いいかえると，種の境界も異なり，認識される種の数も異なっている（de Queiroz, 2005）．

多様な種概念の存在を予想できなかったわけではない．それぞれの概念は研究者がもっとも注目する特性に基づいている．雑種地帯の研究者は生殖的障壁を強調し，診断できるかどうかや単系統を強調するもの，古生物学者は形態の違いを強調し，集団遺伝学者は遺伝的な特性を強調する．

このような相容れない種の概念を調停するには，すべての現代の種概念と種の定義が共有する一般的な種概念を認めることである．この一般的種概念は20世紀初頭に芽生えた（Mayr, 1982）．

すべての現代の種概念と定義はこの一般的種の概念に準拠しているので，この変形と考えられる．この一般的種の概念こそ真の生物学的種の概念といえるだろう．

1940年代からはじまった生物学の統合の時代から種をメタ個体群（個体群の集まり）と同等なものとする種の定義がでてきた．

「種とはその中では出会うと自由に交配し混ざり合うが，種間ではほとんど交配しない」（Wright, 1940）．

「生物学的種は最大でもっとも包括的なメンデル集団」（Dobzhansky, 1950）．

「種とは実際に（可能性を含む）交配している自然集団で，他のそ

のような集団からは生殖的に隔離されている」(Mayr, 1942).

この3つの定義は種をメタ個体群と同等のものとしているし，種の境界を交配の境界に設定している．（交配だけでなく生存し稔性のある子孫を生むことが必要）これら3つの場合はすべて，有性生殖を前提としている．完全な無性生殖を含めた場合，2つの可能性がある．1つは完全な無性生殖の生物は種を形成しないというものだ．もう1つは，遺伝物質の交換以外の，たとえば自然選択のような過程があり，それにより純粋な無性生殖生物の種の境界を決めることができる．いずれの場合でも，種をメタ個体群と同等としても整合性がある．

実際上，すべての現在の種概念は種を集団または集団の系列（lineage）—もっと正確には集団レベルの系列の断片—と見なしている．系列とは祖先と子孫を直接結ぶ1本の線だ．個体そのものは進化しないが，個体の系列は進化する．そして，進化は一般に系列の中で遺伝する変化として定義される．このように，系列の概念は進化そのものの概念にとり基本的なものである．

歴史的には分類学者たちは共有する形質に基づいて生物を分類してきたし，これからも生物を界から種に至る分類階級に分類し続けるだろう（de Queiroz, 2005）．

多くの研究者は，種とは系列であるとか，より専門的には，独立して進化する集団レベルの系列であることに賛同する．

種の輪郭を十分に客観的なものにするために，これが種の地位に関する唯一の条件（必要十分）である．すべての異所的な集団を種としようとは誰も思っていない．他に十分条件が重要と考えているのである．系列が分裂する過程で，灰色の部分ができる．この部分は曖昧で，どのように分類しても恣意的になる．

客観性のないところに客観性を求めることは分類学にも，保全にも害になる．系列が分裂しつつある灰色の領域の中では，種の輪郭を決めることは経営上の決定を下すのに似ていて，より併合的にするか，細分的にするかいづれにしても正しいわけでも間違っているわけでもない．種の境界の曖昧は自然の曖昧さに根ざしている（Zachos, 2018）．

第11章

まとめ

自然分類をめざして

　分類は人類が誕生する前から行われてきた．「親と子は同種である」という暗黙の了解が分類の底流を貫いていることにはじめて気が付いたことは驚きでもあった．

　種とはこの親子関係，もっと一般化すると祖先‒子孫関係で結び付いた個体の集団であり，その集団がさらに集団を作る場合はその集団の包括的な集まりということになる．

　チェザルピーノが「親と子は同種である」と種の概念を明確にしたことで分類学がはじまった．分類階級の中で概念が議論の対象となるのは，種である．亜種とか属，科，目，綱については議論することができない．それは，種だけが客観的に存在していると思われるからである．他のものは，便宜的なものだ．

　次に，リンネが『自然の体系』を出版したことは大きな貢献だといえよう．2名式命名法と，階層的分類法の確立を計り，当時知られていた生物を体系的に報告した．種は神が個別に創造したものであり，不変であると主張した（特殊創造説）．分類の方法が確立され，世界の各地から大量の生物が報告されるようになった．化石種も加わってきた．生物は不変だという見方が揺らぎはじめる．

　次に現れたのがダーウィンである．親と子は似ているがまったく同じというわけではない．個体変異の遍在と生物の多産性により必然的に自然選択が個体に働き，種は変化すると主張した．自然選択による進化説である．進化とは変化を伴った由来であるという．

　進化説が認められるようになってくると，種の概念が変わる．まず，種は不変なものでなく変化するものとなる．個体変異が遍在するということは，この世にはまったく同じ個体というものはいないということだ．そして，すべての生物個体は祖先を遡ると1つになり，類縁関係があることになる．生命が誕生し，その後，向上進化，分岐進化，安定進化，絶滅を繰り返し，現在に至るのである．このような生物を対象にするのが生物分類学である．ドブジャンスキー（Dobzhansky, 1973）は，

「生物学では何事も進化の光を当てなければ理解することができない」

といったが，そのことは分類学にもあてはまる．

シンプソンが（Simpson, 1961），

「分類学は厳密な意味の科学と技術を合成したものだ．技術とは人類の英知を集めて作り出したものである」

と述べている．ここでいう分類学は分類の方が適切な用語と思われる．分類は分類学に基礎をおいているが，人類の知恵の塊だ．

分類は水平分類と垂直分類から成り立つ．民俗分類の時代では化石などは考慮されなかったので水平分類だけですんだ．しかし，生物が進化することが明らかになるとそれだけではすまなくなる．垂直分類－系統関係を取り込まなければならない．進化は変化を伴う由来だ．進化説に基づくと，地球上の生物はすべて共通の祖先にたどり着く．生命の誕生以来，生物は途切れることなく生きながらえてきた．垂直分類では切れ目がない．切れ目のないものを分けるのである．分類するには技術が必要となる．分類は理論を基礎にし，実際に使えるものでなければならない．

進化の過程には向上進化，分岐進化，安定進化，絶滅の4つの様相が認められている（Huxley, 1957；Simpson, 1961）．

分類学は水平分類と垂直分類の双方を統一して表現する方法を考え出さねばならない．その上，分類は実用的でなければならない．少なく見積もっても現生動物だけでも数百万種がいるといわれている．膨大な数のものを分類し，名前を付け，標本を作り，整理し，保管し，体系化し，記録する．名前が安定していることは必須だ．そして忘れてならないのはリンネがいった言葉だ．

「自然分類は植物の本性を示すが，人為分類はただ植物を見分けるのに役立つだけだ」

あくまでも自然分類を目指さなければならない．分類学では種が基本的な単位であることに変わりがない．種を抜きにした分類はあり得ない事も確かだ．

文献

Barlow, Nora, ed. 1958. The autobiography of Charles Darwin 1809-1882. With the original omissions restored. Edited and with appendix and notes by his grand-daughter Nora Barlow. London: Collins. 八杉龍一・江上生子訳. 1972. ダーウィン自伝. 筑摩書房.

Bateson, William. 1922. Evolutionary faith and modern doubts. Science, 55: 55-61.

Bell, Elizabeth A., Patrick Boehnke, T. Mark Harrison, and Wendy L. Mao. 2015. Potentially biogenic carbon preserved in a 4.1 billion-year-old zircon. Proc. Natl. Acad. Sci. USA, 112: 14518-14521.

Benton, Michael J. 2000. Stems, nodes, crown clades, and rank-free lists: is Linnaeus dead? Biol. Rev., 75: 633-648.

Berlin Brent. 1973. Folk systematics in relation to biological classification and nomenclature. Annu. Rev. Ecol. Evol. Syst., 4: 259-271.

Berlin, Brent, Dennis E. Breedlove, and Peter H. Raven. 1973. General principles of classification and nomenclature. Am. Anthropol., 75: 214-242.

Browne, Janet. 2006. Darwin's Origin of Species. Atlantic Books, London.

Bulmer, R. N. H., and M. J. Tyler. 1968. Karam classification of frogs. J. Polynesian Soc., 77: 333-385.

Cantino, Philip D., and Kevin de Queiroz. 2010. PhyloCode. International Code of Phylogenetic Nomenclature. Version 4c.

Cesalpino, Andrea. 1583. De plantis libri XVI. Apud Georgium Marescottum, Firenze.

Cracraft, Joel. 1983. Species concepts and speciation analysis Curr. Ornitho I: 159-187.

Darwin, Charles Robert. 1837. Notebook B: Transmutation of species (1837-1838). Darwin Online, http://darwin-online.org.uk/

Darwin, Charles Robert. 1845. Journal of researches into the natural history and geology of the countries visited during the voyage of H.M.S. Beagle round the world, under the Command of Capt. Fitz Roy, R.N. 2d edition. London: John Murray.

Darwin, Charles Robert. 1859. On the origin of species by means of natural selection, or the preservation of favoured races in the struggle for life. John Murray, London. 渡辺政隆訳. 2009. 種の起源（上・下）. 光文社.

Darwin, Charles Robert. 1868. The variation of animals and plants under domestication. Vol. 2, John Murray, London.

Darwin, Charles Robert. 1872. The origin of species by means of natural selection, or the preservation of favoured races in the struggle for life. 6th ed. John Murray, London.

Darwin, Charles Robert. 1876. The origin of species by means of natural selection, or the preservation of favoured races in the struggle for life. 6th ed., with additions and corrections. John Murray. London.

De Beer, Gavin. 1967. Charles Darwin: Evolution by natural selection. Doubleday & Co., New York.

De Candolle, A. P. 1813. Théorie élémentaire de la botanique. Déterville, Paris.

De Queiroz, Kevin. 2005. A unified concept of species and its consequences for the future taxonomy. Proc. Calif. Acad. Sci., 56: 196-215.

Diamond, Jared M. 1966. Zoological classification system of a primitive people. Science, 151: 1102-1104.

Dobzhansky, Theodosius. 1936. Studies on hybrid sterility. II. Localization of sterility factors in *Drosophila pseudoobscura* hybrids. Genetics 21: 113-135.

Dobzhansky, Theodosius. 1937a. Genetics and the origin of species. Columbia Univ. Press, New York.

Dobzhansky, Theodosius. 1937b. What is a species? Scientia, 61: 280-286.

Dobzhansky, Theodosius. 1950. Mendelian populations and their evolution. Am. Nat., 84: 401-418.

Dobzhansky, Theodosius. 1973. Nothing in biology makes sense except in the light of evolution. Am. Biol. Teacher, 35: 125-129.

動物命名法国際審議会. 2005. 国際動物命名規約. 第4版. 日本語版. 日本分類学会連合.

Emerson, Alfred E. 1938. The Origin of species. Ecology, 19: 152-154.

Engel-Ledeboer, M. S. J., and H. Engel, 1964. Carolus Linnaeus Systema Naturae 1735. Facsimile of the first edition. With an introduction and a first English translation of the 'Observationes.' Nieuwkoop. B. de Grraf.

Fisher, Ronald A. 1930. The genetical theory of natural selection. Oxford Univ. Press, London.

Gehring, Walter J. 2005. New perspectives on eye development and the evolution of eyes and photoreceptors. J. Hered., 96: 171-184.

Gehring, Walter J., and Makiko Seimiya. 2010. Eye evolution and the origin of Darwin's eye prototype. Ital. J. Zool., 77: 124-136.

Goldschmidt, Richard. 1937. Cynips and Lymantria. Am. Nat., 71: 508-514.

Gould, Stephen J. 2002. The structure of evolutionary theory. Belknup Press, Cambridge.
Gray, Asa. 1860. Review of Darwin's theory on the origin of species by means of natural selection. Am. J. Sci. Arts (Ser. 2), 29: 153-184.
Hayman, John, Gonzalo Alvarez, Francisco C. Ceballos, and Tim M. Berra. 2017. The illnesses of Charles Darwin and his children: a lesson in consanguinity. Biol. J. Linn. Soc., 121: 458-468.
Heller, John L. 1945. Classical poetry in the Systema naturae of Linnaeus. Trans. Proc. Am. Philol. Assoc., 76: 333-357.
Hennig, Willi. 1966. Phylogenetic systematics. Univ. Illinois Press, Urbana.
Hunn, Eugene. 1994. Place-names, population density, and the magic number 500. Curr. Anthropol., 35: 81-85.
Hutton, James. 1788. Theory of the Earth. Trans. R. Soc. Edinburgh, 1: 209-304.
Huxley, Julian. 1957. The three types of evolutionary process. Nature, 180: 454-455.
Huxley, Thomas. 1893. Darwiniana. Macmillan, London.
井上哲次郎編．1881．哲学字彙．東京大学三学部．
Jacob, F. 1977. Evolution and tinkering. Science, 196: 1161-1166.
Jenkin, Fleeming. 1867. The origin of species. North Brit. Rev., 46: 277-318.（ただしジェンキンはこの論文を匿名で出版した）
加藤弘之．1882．人権新説．谷山楼．
Kay, Paul. 1971. Taxonomy and semantic contrast. Language, 47: 866-887.
Koerner, Lisbet. 1999. Linnaeus: Nature and nation. Harvard Univ. Press, Cambridge.
Lack, David. 1963. Mr. Lawson of Charles. Am. Sci., 51: 12-13.
Larson, James L. 1967. Linnaeus and the natural method. Isis, 58: 304-320.
Linnaeus, Carl. 1735. Systema naturae. 1st. ed.
Linnaeus, Carl. 1749. The oeconomy of nature. Amoenitat. Acad. 2: 39-129.
Linnaeus, Carl. 1751. Philosophia botanica. Holmiae.
Linnaeus, Carl. 1758. Systema naturae per regna tria naturae: secundum classes, ordines, genera, species, cum characteribus, differentiis, synonymis, locis (10th ed.).
Malthus, Thomas. 1798. An essay on the principle of population. J. Johnson, London. 高野岩三郎・大内兵衛訳．1970．初版人口の原理．岩波書店．
May, Robert M. 2011.-Why worry about how many species and their loss? PLoS Biol., 9: e1001130.

Mayden, R. L. 1997. A hierarchy of species concepts: the denouement in the saga of the species problem. In: Claridge, M. F., H. A. Dawah, and M. R. Wilson, eds., Species: The Units of Biodiversity. Chapman & Hall. Pp. 381-424.

Mayr, Ernst. 1940. Speciation phenomena in birds. Am. Nat., 74: 249-278.

Mayr, Ernst. 1942. Systematics and the origin of species. Columbia Univ. Press, New York.

Mayr, Ernst. 1966. The proper spelling of taxonomy. Syst. Biol., 15: 88.

Mayr, Ernst. 1982. The growth of biological thought. Harvard Univ. Press, Cambridge.

Mendel, Gregor. 1866. Versuche über Plflanzenhybriden. (Experiments in plant hybridization) Verhandlungen des naturforschenden Vereines in Brünn, Bd. IV für das Jahr 1865, Abhandlungen, 3-47.

Muller, H. J. 1942. Isolating mechanisms, evolution, and temperature. Biol. Symp., 6: 71-125.

Orrego, Fernando, and Carlos Quintana. 2007. Darwin's illness: a final diagnosis. Notes Rec. R. Soc., 61: 23-29.

Owen, R. (1843). Lectures on comparative anatomy and physiology of the invertebrate animals, delivered at the Royal College of Surgeons in 1843. London: Longman, Brown, Green & Longmans.

Pasteur, George. 1976. The proper spelling of taxonomy. Syst. Biol., 25: 192-193.

Popper, Karl R. 1978. Three worlds. The Tanner Lecture on human values. Delivered at The University of Michigan. April 7, 1978, pp. 143-167.

Poulton, E. B. 1908. What is a species? In: Poulton, E. B. (ed.), Essays on Evolution. 1889-1907. Clarendon Press, Oxford. 46-94.

Poulton, E. B. 1938. The conception of species as interbreeding communities. Proc. Linn. Soc. Lond., 1938: 225-226.

Presgraves, Daven C. 2010a. Darwin and the origin of interspecific genetic incompatibilities. Am. Nat., 176: S45-S60.

Presgraves, Daven C. 2010b. The molecular evolutionary basis of species formation. Nat. Rev. Genet., 11: 175-80.

Ramsbottom, J. 1938. Linnaeus and the species concept. Proc. Linn. Soc. Lond., 150: 192-219.

Raven, Peter H., Brent Berlin, Dennis E. Breedlove. 1971. The origins of taxonomy. Science, 174: 1210-1213.

Remane, A. 1952. Die Grundlagen des natürlichen Systems, der vergleichenden Anatomie und der Phylogenetik. Akademische Verlagsgesellschaft Geest &

Portig. K.-G., Leibzig.
Sachs, Julius von. 1906. History of botany (1530-1860). Translated by H. E. F. Garnsey and I. B. Balfour. Oxford. Oxford Univ. Press.
Salvini-Plawen, L. von, and Mayr, E. 1977. On the evolution of photoreceptors and eyes. Evol. Biol., 10: 207-263.
Schweber, Silvan S. 1977. The origin of the Origin revisited. J. Hist. Biol., 10: 229-316.
Schweber, Silvan S. 1979. Essay review: the young Darwin. J. Hist. Biol., 12:175-192.
Sheehan, William, William H. Meller, and Steven Thurber. 2008. More on Darwin's illness: Comment on the final diagnosis of Charles Darwin. Notes Rec. R. Soc., 62: 205-209.
Shubin, Neil, Cliff Tabin, and Sean Carroll. 1997. Fossils, genes and the evolution of animal limbs. Nature, 388: 639-648.
Shubin, Neil, Cliff Tabin, and Sean Carroll. 2009. Deep homology and the origins of evolutionary novelty. Nature, 457: 818-823.
Simpson, G. G. 1951. The species concept. Evolution, 5: 285-298.
Simpson, G. G. 1961. Principles of animal taxonomy. Columbia Univ. Press, New York. 白上謙一訳．1974．動物分類学の基礎．岩波書店．
Spencer, Herbert. 1852. The developmental hypothesis. (Reprinted in: Spencer, Herbert, 1858. Essays: Scientific, political, and speculative. Longman, London), pp. 389-395.
Stafleu, Frans A. 1971. Linnaeus and the Linnaeans. The spreading of their ideas in systematic botany 1735-1789. Oosthoek, Utrecht.
Stearn, William T. 1986. The Wilkins Lecture, 1985: John Wilkins, John Ray and Carl Linnaeus. Notes Rec. R. Soc. Lond., 40: 101-123.
Stevens, Peter F. 2002. Why do we name organisms? Some reminders from the past. Taxon, 51: 11-26.
高野繁男．2004．「哲学字彙」の和製漢語―その語基の生成法・造語法―．神奈川大学人文学研究所報37：87-108.
Tashiro, Takayuki, et al. 2017. Early trace of life from 3.95 Ga sedimentary rocks in Labrador, Canada. Nature, 549: 516-518.
Thomson, William. 1862. On the Age of the Sun's Heat. Macmillan's Mag., 5: 388-393.
Timofeeff-Ressovsky, N. W. 1940. Mutations and geographical variation. In: Huxley, J. S., ed., The new systematics. Oxford Univ. Press, Oxford, pp. 73-

136.

徳田御稔. 1943. 生物進化論. 日本科学社.

Trimen, Ronald. 1874. Observations on the case of Papiliomerope, Auct.; with an account of the various known forms of that butterfly. Trans. Entomol. Soc. Lond., 1874: 137-153.

Vines, Sydney Howard. 1913. Robert Morison (1620-1683) and John Ray (1627-1705). In: Oliver, F. W., ed. Makers of British botany. Cambridge Univ. Press, pp. 8-43.

Watson, J. D., and F. H. C. Crick. 1953. Molecular structure of nucleic acids. Nature, 171: 737-738.

Woese, Carl R., Otto Kandler, and Mark L. Wheelis. 1990. Towards a natural system of organisms: Proposal for the domains Archaea, Bacteria, and Eucarya. Proc. Natl. Acad. Sci. USA, 87: 4576-4579.

Wright, Sewall. 1940. Breeding structure of populations in relation to speciation. Am. Nat., 74: 232-248.

Zachos, Frank E. 2018. Mammals and meaningful taxonomic units: the debate about species concepts and conservation. Mamm. Rev., 48: 153-159.

Web Sites:
Biodiversity Heritage Library: www.biodiversitylibrary.org
The Bulletin of Zoological Nomenclature: www.bioone.org/loi/bzno
Darwin Correspondence Project: www.darwinproject.ac.uk
Darwin Manuscripts Project: http://darwinlibrary.amnh.org
Darwin Online: www.darwin-online.org.uk
Google Scholar:
Internet Archive: www.archive.org
PubMed: www.ncbi.nlm.nih.gov/pubmed
ResearchGate: www.researchgate.net/home
Wallace Online: www.wallace-online.org

あとがき

　ポパー（Karl Popper）はこの世は少なくとも3つの世界から成り立っていると主張する（Popper, 1978）.
　1．物理的世界：岩石と星，動物と植物，などの物体や放射線，その他の物理的エネルギーから成り立つ世界.
　2．精神的・心理的世界：痛み，喜び，考え，決意，知覚と観察，など私たちの感覚の世界．いいかえれば，精神的な心理学的な状態とか過程の世界，すなわち主観的な世界.
　3．人の精神が作り出したものの世界．たとえば言語，物語や宗教的神話，科学的予想とか学説，数学的概念，歌と交響楽，絵画と彫刻，飛行機と空港など工学の成果.

この分類にしたがうと，『分類と分類学』は第1の世界に基づく第3の世界になるのだろう．人の精神が作り出したものの世界に属する．となると，どうしてもその時の世界観を反映したものとならざるを得ない．かつては，キリスト教の世界観で種を見ていた．それと同じように現在では，現在の世界観で種を見ているのだろう．このことを肝に銘じておく必要がある.

　現在，地球上には数百万種の生物が生息しているという.

　進化説によれば，地球上のすべての生物は，祖先をたどって行くと同じ祖先にたどり着くことになる．そうだとすれば，今生きている生物はすべて，生命の誕生以来，同じ長さの時間を生きてきたことになる．現在生きている個々人は，赤ん坊から年寄りまで，色々である．しかし，生命の誕生からの年齢はすべての人が同じということになる．このことは何も人に限ったことではない．すべての生物があてはまる.

　以前，シンプソンさんにお会いした時，「毎年ダーウィンの誕生日（2月12日）になると必ず『種の起原』をひも解くことにしている．必ず何か得るものがある．古典とはそういうものだ」とおっしゃっていたことが今でも印象に残っている．1980年のことである．シンプソンさんが78歳の時である．その4年後に亡くなられた．『種の起原』について

は，思い出がある．かつて大英博物館（今は自然史博物館と呼ぶ）で標本を調べていた際に，図書室を利用した．「大概の資料はそろっている」と司書の人が胸を張っているので，「ダーウィンの種の起原の初版本はあるのか？」と尋ねたところ「もちろん．貸して欲しいのか？」といい，すぐ現物を持ってきてくれた．「本は読むためにあるのだ」という．1週間ほど借りて毎日眺めたことを思い出す．

ダーウィンの『種の起原』は決して読みやすい本ではない．何回も読んでようやく理解できることが多い．それは，ひとえに私の英語を読む力不足のせいだと思っていた．ある時，ダーウィンの友人のウォレスでさえもダーウィンの文章を読み違えることがあったことを知った．ということは，ダーウィンの文章は元々わかりにくいもののようだ．それからは気を取り直して読むことにした．

なお，本書のすべての引用は筆者が訳したものである．

今回は，渡邊邦夫さんをはじめ川本芳さん，辻大和さんには文献だけでなく多方面にわたる支援をしていただき，大変お世話になりました．

最後に，東海大学出版部の稲英史さんには忍耐強く励ましていただき，何とか出版にまでたどり着くことができました．心から感謝します．

用語集（glossary）

学名（scientific name）
: たとえば現代人の学名は *Homo sapiens* Linnaeus, 1758というように, 国際動物命名規約などの規約にしたがい, 模式標本に付けられた名称. 属名 *Homo* と種小名 *sapiens* および著者名 Linnaeus と年代1758からなる. たとえばニホンザルの学名は *Macaca fuscata* (Gray, 1870) である. 「ニホンザル」は学名ではなく, 俗名（vernacular name）の1つで, 代表的に用いられるため標準和名と呼ばれることもある.

記載（description）
: 分類群の特徴に関するそれなりに完全を期した公式な記録.

系統発生学（phylogeny）
: 広くは生命の誕生から現在に至るまでの進化の道筋を明らかにする科学.

系統分類学（phylogenetic systematics）
: 分類群を祖先と子孫関係（系統関係）に基づいて体系化を試みる分類学. 狭義には, 分岐関係のみに注目した分類を指す場合があり, この場合は分岐学と呼ばれる.

検索表（identification key table）
: 同定するために用いる表で, 鍵となる形質を基に普通2分法により同定できるようになっている. しかし, ある程度の素養がないと実際には利用できない.

国際動物命名規約（International Code of Zoological Nomenclature）
: 動物の分類群の名称に関する国際的な取り決め. 規約の目的は動物の学名が安定して世界中で時代を超え, 広く行き渡り使われこと促し, それぞれの分類群の名称が唯一無二で紛れもないものであることを保証することにある. 1905年に初版がフランス語と英語, ドイツ語で出版された. 最新版は1999年に出版された第4版で, 英語とフランス語で出版され, 2000年1月1日に発効した. その後, 世界

の色々な言語に翻訳され，正式な規約として認められている．日本動物学関連学会連合により2000年に日本語版も出版されている．種名は属名と種小名の2つの名称の結合からなり，第1名は属名で大文字で書きはじめ，第2名は種小名で小文字で書きはじめる．いわゆる2名式命名法である．使用する文字はラテン語のアルファベット26文字に限る．学名はラテン語，ギリシャ語，その他の言語の単語またはそのような単語に由来する単語から作られたものである．

さらに，勧告により，属と種の分類群の学名は，地の文に使われているものとは異なる書体で印刷することになっている．普通はイタリック体を用いる．(地の文がイタリック体の場合はローマン体を用いる)．たとえば，ニホンザルの学名は *Macaca fuscata* である．*Macaca* が属名で，*fuscata* が種小名である．*Macaca* はバントゥ語由来で「サル」に相当する．*fuscata* はラテン語由来である．

進化（transmutation, evolution）

ダーウィンは進化とは「変化を伴った由来」と定義し，自然選択によりもたらされるとしている．「進化」は，日本に「進化論」を紹介した加藤弘之（1882）の造語といわれる．井上哲次郎（1881）は，evolution に「化醇・進化・開進」を当てている．「化醇」は漢籍の語である．後に「進化」が定着した．（高野繁男，2004）

真核生物（Eukarya）

最近では生物全体を3ドメイン（領域）に分類するのが主流になってきた．(Woese, C. R., et al., 1990) 細菌（バクテリア），真核生物，古細菌の3ドメインである．真核生物には，原生生物，菌類，植物，動物などが含まれる．

診断（diagnosis）

記相，判別，識別ともいう．当該の分類群を間違いやすい他の分類群から区別するため，形質の特徴を簡潔に文字や図で表した公式の記述．

体系学（systematics）

生物の多様性に関する科学．しばしば，分類学と同等に使われるこ

ともある.

同定(identification)
　当該の標本が既知のどの分類群(科,属,種など)に所属するのかを特定する作業.

特殊創造説(Special creation)
　造物主である神が生物の種を個別に創造したというキリスト教の教義.

博物学者(naturalist)
　博物学に携わる人.博物学は現在の自然科学に相当する.ここでは主に動植物の分類に詳しい人を指す.

パンゲネシス(pangenesis)説
　ダーウィンが唱えた混合説に基づく遺伝仮説.ジェミュール(gemmule)と名付けた遺伝物質が無数に体中をめぐっている.獲得形質もこのジェミュールにより生殖質に運ばれ遺伝するという.ダーウィンはこの説を次のように説明している.

　「ほとんど普遍的に認められていることだが,細胞や体の部分はそれ自身が分裂したり増殖したりして同じ性質を保ちながら繁殖し,最終的には体の組織や血液などになる.しかし,このような成長の他に,細胞は完全に受動的な決められた物に変換する前に微細な顆粒ないしは原子を放出すると私は仮定したい.その顆粒ないし原子は体の中を自由に循環し,適当な栄養分を受け取ると分裂して増え,発達して元の細胞となる.この顆粒を細胞ジェミュールまたは細胞説がまだ確立していないのでジェミュール(gemmules)と呼ぶことにする.ジェミュールは親から子へと引き継がれ,普通は直接次の世代で発現するが,しばしば休眠状態になることもあり,何世代も経た後に発現することもある.ジェミュールの発現は他の発達した細胞やジェミュールとの結合によるものと考えられる.ジェミュールはすべての細胞と組織から,成体に限らず発生のすべての段階で放出されると思われる.最後に,休眠状態のジェミュールは互いに親和的で塊となり,芽とか

生殖器官に入り込む．したがって厳密にいえば，ジェミュールは新しい個体を産み出す生殖器官でも芽でもないが，体の隅々にわたり分布する細胞ということになる」(Darwin, 1868).

しかし，裏付ける証拠にかけ，この説は支持されることはなかった．

分類 (classification)

分類群を限定したり，分類階級に位置づけたりすること．

分類階級 (category)

生物を階層的に分類する際に用いる階級．リンネが『自然の体系』(1735) で体系化した．自然を鉱物，植物および動物の3界に分けた．それぞれの界 (Regnum=Kingdom) の基に，綱 (Class) を，綱の下に目 (Order) を，目の下に属 (Genus) を，属の下に種 (Species) を，種の下に亜種 (Varietas=Subspecies) をもうけた．その後，いくたの変更が加えられ，動物の場合は現在，上位のものから下位へと，界 (Kingdom)，門 (Phylum)，綱 (Class)，目 (Order)，科 (Family)，属 (Genus)，種 (Species) の7階級が必須のものとされている．

分類学 (taxonomy)

分類に関する理論と実践の科学．分類学を英語では taxonomy という．これは仏語の taxonomie に由来する．ドゥ・カンドール (de Candolle, 1813) がギリシャ語の τάξις (taxis, 配列) と νομος (nomos, 法則) を組み合わせて作った．分類の理論 (Théorie des classifications) すなわち分類学を意味する．本来は taxéonomie と綴るのが正しいが，短いほうがよいと考え，taxonomie としたという (de Candolle, 1819). ところが，ギリシャ語で taxis と nomos を組み合わせた造語は taxinomos となり，その仏語は taxinomie とするのが正しい綴りである．ドゥ・カンドールは綴り間違いを犯した．しかし，taxonomie は仏語として，新たに作られた造語である．元々ギリシャ語にはそれに相当する単語はなかった．それに，これまで長い間使われてきて定着しているので，今さら変える必要はない (Mayr, 1966; Pasteur, 1976).

分類群(taxon)
: それぞれの分類階級に属する正式に認められた具体的な生物群.種は分類階級の1つであるが,ヒト *Homo sapiens* は種の分類群の一例である.

命名(nomenclature)
: それぞれの分類群について命名規約にしたがい,学名を付けること.

メタ個体群(metapopulation)
: 局所的集団(パッチ)が多数集まり,それぞれの局所的集団は生成と消滅を繰り返しながら存続しているという個体群モデル.

メンデル集団(Mendelian population)
: 1つの共通する遺伝子プールの中で有性的に交配を行っている個体の繁殖集団.

索引

人名索引

【ア行】
ウォレス（Alfred Russel Wallace） 77, 116
エマーソン（Alfred E Emerson） 81, 82

【カ行】
グレイ（Asa Gray） 39, 40, 48, 53, 54, 57, 58
ケールロイター
 （Joseph Gottlieb Kölreuter） 77
ゲルトナー
 （Karl Friedrich von Gärtner） 77
ゴールドシュミット
 （Richard Goldschmidt） 81

【サ行】
ザックス（Julius von Sachs） 9
ジェンキン（Fleeming Jenkin） 41, 43, 47-49, 57, 59
シムプソン
 （George Gaylord Simpson） 84, 93, 108, 115
ジャコブ（François Jacob） 64
ジョーダン（Karl Jordan） 76, 79
スペンサー（Herbert Spencer） 72
セジウィック（Adam Sedgwick） 35

【タ行】
ダーウィン
 （Charles Robert Darwin） vi, vii, 23, 29, 32-36, 39, 40-50, 53-59, 63, 64, 66, 68, 71, 72, 76-79, 87, 88, 107, 115, 116

チェザルピーノ
 （Andrea Cesalpino） v, 9-11, 107
ティモフェーエフ・レソフスキー
 （Nikolay W. Timofeeff-Ressovsky） 81
トゥリメン（Roland Trimen） 79
トゥンベリー
 （Carl Peter Thunberg） 25
ドブジャンスキー
 （Theodosius Dobzhansky） 53, 55, 56, 59, 82, 84, 107
トムソン（William Thomson） 41, 46, 48, 56, 59

【ハ行】
ハクスリー（Thomas Huxley） 39, 48, 53, 54, 57, 58, 76-78, 89, 91, 92
ハットン（James Hutton） 45
フィッシャー（Ronald Fisher） 47
フィッツロイ（Robert FitzRoy） 35
ベイトソン（William Bateson） 54
ヘンズロウ
 （John Stevens Henslow） 35
ボアン（Kaspar Bauhin） 71
ポールトン
 （Edward Bagnall Poulton） 71, 80, 92, 93

【マ行】
マイヤー（Ernst Walter Mayr） 80, 82, 83, 90, 91, 93, 103
マラー
 （Hermann Joseph Muller） 53, 55, 59
マルサス
 （Thomas Robert Malthus） 29, 33, 40

ミルトン（John Milton）　71

【ラ行】
ライエル（Charles Lyell）　41, 45
ライト（Sewall Wright）　83
ラツェンベルガー
（Caspar Ratzenberger）　9
ラムズボトム
（John Ramsbottom）　17, 20, 22
リンネ（Carl Linnaeus）　vi, 5, 9, 11, 15, 17-25, 71-73, 80, 84, 85, 87, 92, 107, 108, 120
ルカ・ギニ（Luca Ghini）　9
レイ（John Ray）　71
レマネ（Adolf Remane）　94
ローソン（Nicholas O. Lawson）　49, 50
ロマネス
（George John Romanes）　78

事項索引

【あ】
亜種　5, 6, 73, 80, 81, 83, 107, 120
新しい器官　43, 48, 57, 59, 65, 67
新たな器官　43, 44, 46, 65
アリストテレス学派　9
アリストテレスの哲学・演繹法　11
安定進化　vii, 107, 108

【い】
育成動植物　30, 77
１名式命名法　4, 6

【う】
ウマ　39, 44, 53
ウミイグアナ　49

【お】
オスとメスがいる場合　15

【か】
階層的な分類法　23
果実　10, 11
カメ　49, 50
ガラパゴス諸島　49, 50
カラム族　3, 5
感覚の分野　16

【き】
帰納法　9, 11
共通した属性　5, 6

【く】
グアラニ族　3

【け】
形質の多様性　30
継続的創造説　44

形態形質の分岐分析　98
系統発生的命名法　98
系統分類学　97, 117
検索表　vi, 19, 24, 117

【こ】
向上進化　vii, 92, 97, 107, 108
鉱物界　vi, 16
個体差　43
個体変異　vi, 32-34, 39, 107
混合説　vii, 47, 48, 57, 59, 68, 119

【さ】
雑種不適合性遺伝子　56
３名式命名法　5, 6

【し】
自然科学者（博物学者）　16
自然選択　vi, 29, 30-34, 39-46, 48, 53-
　　59, 63-67, 74, 76-78, 98, 104, 107, 118
自然体系　vi, 9, 21, 22
自然の経済　22
『自然の体系』　vi, 15, 17, 19, 23, 24, 80,
　　107, 120
自然発生と種の進化の否定　15
自然物　15, 16
自然分類　vi, 11, 88, 107, 108
実在する自然物　15
種（specific）　v-vii, 4-6, 10, 11, 15-17,
　　19-23, 29-34, 39-41, 43, 44, 46, 54-
　　56, 59, 71-77, 80-84, 89-94, 97-101,
　　104, 107, 108, 115, 118
従属栄養生物　3
雌雄同体の場合　15
種間雑種の不適合性　56, 59
種間雑種の不稔性　39, 40, 48, 53-55,
　　58, 59

種の起原　　23, 33, 40, 41, 47, 49, 54, 74
『種の起原』　　vi, 29, 39, 44, 48, 50, 53, 57, 63, 71, 76
種の分類群　　4
植物界　　vi, 10, 16
『植物学の基礎』
（Fundamenta Botanica）　　19
『植物学批判』（Critica Botanica）　　19
『植物哲学』
（Philosophia Botanica）　　19, 22
『植物の種』（Specios Plantarum）　　20, 21, 22
『植物の綱』（Classes Plantarum）　　19
植物の本16巻
（De plantis libri XVI）　　10
植物標本館　　9
ジェミュール（gemmules）　　68
人為選択　　39, 42, 53, 54, 77
人為体系　　21
人為分類　　vi, 108
真核生物　　v, 118
進化ノート　　29, 33
進化の自然選択説　　vi
『人口論』　　29, 33

【す】
垂直分類　　90, 108
水平分類　　90, 108

【せ】
斉一説　　41, 45
生活形（life form）　　4, 6, 11
性選択　　30
生存競争　　vi, 30, 32-34, 40, 41-43
生存不能性　　53, 55, 58
生物の分類　　3, 31, 98
生物の連鎖　　42
生物分類　　98, 99
生理学的種　　39, 53, 54, 76, 77

絶滅　　vii, 30, 31, 92, 107, 108

【そ】
創始者　　4, 6
創造主　　16
相同の形態的基準　　94
造物主　　53, 58, 119
造物主の力　　58, 59
草本　　10, 11
属（generic）　　4-6, 23, 31, 32, 40, 80, 85, 88, 107, 120
属の分類群　　4

【た】
他家栄養生物　　3
単一の祖先　　15

【ち】
小さな名前（ámana aké）　　5
地質学的記録　　40, 42, 56, 57, 59

【つ】
ツェルタル族　　3, 4

【と】
同定　　v, vi, 16, 19, 24, 85, 117, 119
動物界　　vi, 16, 80
遠くにある天体　　15
特殊創造説　　vi, 23, 71, 72, 92, 107, 119
どこにでもある元素　　15
ドブジャンスキー・マラーの
種間遺伝的不適合性モデル　　56

【な】
ナバホ族　　3

【に】
2名式命名法　　vi, 5, 6, 23, 107, 118

【は】
博物学者　vi, 16, 18, 39, 54, 55, 72, 78, 119
花　10, 11, 20
ハヌノ族　3
パンゲネシス説　68

【ひ】
ビーグル号　29, 33, 35, 36, 49

【ふ】
PhyloCode　98
フィンチ　49, 50
フォレ族　5
不連続性に基づく分類　v
分岐進化　vii, 92, 107, 108
分岐とか最尤法　98
分岐分類学　97
分子形質の表現型　98
分類　v-vii, 3-6, 9-11, 15, 16, 19, 32, 84-90, 94, 97-99, 104, 107, 108, 120
分類階級　4, 86, 104, 107, 120, 121
分類学　11, 16, 23, 84-86, 97, 104, 107, 108, 117, 118, 120
分類学の誕生　v
分類学の父　vi, 13
分類学の母　9, 10, 11
分類群　vii, 4-6, 31, 85, 86, 89, 97, 117-121
分類と命名　16

【へ】
変種（varietal）　vi, 4, 5, 21, 39-42, 55, 78, 79
変種の分類群　4

【ま】
マネシツグミ　49

【み】
民俗分類　3-6, 11, 108
民俗分類学（folk taxonomy）　v, 3

【も】
木本　10, 11

【ゆ】
唯一の創始者（unique beginner）　4

【ら】
ラバ　39, 53

【り】
粒子説　vii, 47
リンネ式2名法　98
リンネ式分類　5

【ろ】
ロバ　39, 53, 76

著者紹介

相見　滿（あいみ　みつる）
　1943年旧満州国佳木斯（ジャムス）市生まれ．理学博士．分類学．
　2006年京都大学霊長類研究所定年退職．

分類と分類学：種は進化する
　　2019年3月20日　第1版第1刷発行
　　　　　著　者　相見　滿
　　　　　発行者　浅野清彦
　　　　　発行所　東海大学出版部
　　　　　　　　　〒259-1292神奈川県平塚市北金目4-1-1
　　　　　　　　　TEL 0463-58-7811　FAX 0463-58-7833
　　　　　　　　　URL http://www.press.tokai.ac.jp/
　　　　　　　　　振替　00100-5-46614
　　　　　印刷所　港北出版印刷株式会社
　　　　　製本所　誠製本株式会社

Ⓒ Mitsuru AIMI, 2019　　　　　　　　　　　　　　ISBN978-4-486-02161-2

・JCOPY ＜出版者著作権管理機構 委託出版物＞
本書（誌）の無断複製は著作権法上での例外を除き禁じられています．複製される場合は，そのつど事前に，出版者著作権管理機構（電話03-5244-5088，FAX 03-5244-5089，e-mail: info@jcopy.or.jp）の許諾を得てください．